JN233531

2 応用化学 シリーズ

有機資源化学

多賀谷 英幸
進藤 隆世志
大塚 康夫
玉井 康文
門川 淳一
・・・・・・・・・・・・[著]

朝倉書店

応用化学シリーズ代表

佐々木 義 典　千葉大学名誉教授

第 2 巻執筆者

多 賀 谷 英 幸　山形大学工学部物質化学工学科教授
進 藤 隆 世 志　秋田大学工学資源学部環境物質工学科助教授
大 塚 康 夫　東北大学多元物質科学研究所教授
玉 井 康 文　日本大学工学部物質化学工学科教授
門 川 淳 一　鹿児島大学大学院理工学研究科教授

『応用化学シリーズ』
発刊にあたって

　この応用化学シリーズは，大学理工系学部2年・3年次学生を対象に，専門課程の教科書・参考書として企画された．

　教育改革の大綱化を受け，大学の学科再編成が全国規模で行われている．大学独自の方針によって，応用化学科をそのまま存続させている大学もあれば，応用化学科と，たとえば応用物理系学科を合併し，新しく物質工学科として発足させた大学もある．応用化学と応用物理を融合させ境界領域を究明する効果をねらったもので，これからの理工系の流れを象徴するもののようでもある．しかし，応用化学という分野は，学科の名称がどのように変わろうとも，その重要性は変わらないのである．それどころか，新しい特性をもった化合物や材料が創製され，ますます期待される分野になりつつある．

　学生諸君は，それぞれの専攻する分野を究めるために，その土台である学問の本質と，これを基盤に開発された技術ならびにその背景を理解することが肝要である．目まぐるしく変遷する時代ではあるが，どのような場合でも最善をつくし，可能な限り専門を確かなものとし，その上に理工学的センスを身につけることが大切である．

　本シリーズは，このような理念に立脚して編纂，まとめられた．各巻の執筆者は教育経験が豊富で，かつ研究者として第一線で活躍しておられる専門家である．高度な内容をわかりやすく解説し，系統的に把握できるように幾度となく討論を重ね，ここに刊行するに至った．

　本シリーズが専門課程修得の役割を果たし，学生一人ひとりが志を高くもって進まれることを希望するものである．

　本シリーズ刊行に際し，朝倉書店編集部のご尽力に謝意を表する次第である．

　2000年9月

　　　　　　　　　　　　　　　　　　シリーズ代表　佐々木義典

序

　現代社会では，自動車から薬まで多様な工業製品が製造され，快適で便利な生活を支えている．一方，製品の製造や利用においては，エネルギーの使用が不可欠である．これら現代社会に不可欠な工業製品の原料やエネルギー資源の大半を供給しているのが，石油・石炭・天然ガスといった化石資源や，木材などのバイオマス資源であり，その利用を可能にしているのが化学工業である．

　本書は，朝倉書店の応用化学シリーズの一書として，広く化学工業に関連し，資源およびエネルギーをキーワードとする有機資源化学に関して，学生や大学院生の入門書として書かれている．

　近年，化石資源の利用によって，直接的・間接的に地球規模の環境問題が引き起こされ，その対応が重要な社会問題になっている．エネルギー利用のための燃焼によって，二酸化炭素や硫黄酸化物，窒素酸化物などが排出され，これらは地球温暖化や酸性雨の原因となっている．バイオマスは再生産可能な資源であるが，過度の利用は再生産に至らず，砂漠化など土地の荒廃につながっている．また，工業製品製造時に，あるいは使用済み後に排出される廃棄物は，最終処分場不足やそれに伴う処理費の高騰などで，適正な処理に至らない場合がある．さらに焼却処理は施設の能力が不十分な場合にはダイオキシンの発生が考えられるなど，健康被害への懸念が指摘されている．また，新たな毒性を有する化合物として，内分泌撹乱化学物質（環境ホルモン）の健康への影響が指摘されるようになった．

　本書では，化石資源やバイオマス資源について，その存在量や存在地域について概説するとともに，それぞれの資源利用について多様な面から取り上げた．有機炭素資源の獲得，変換，利用，そして最終的な処理までを範囲とし，現代生活を支える有機炭素資源の流れを正確に把握できるように努めた．その際，環境問題との関わりについても言及するように心がけた．本書は，まだまだ不十分なところもあり，思わぬ誤りもある可能性がある．現在は，インターネットでキーワード検索も可能である．参考文献やインターネット利用などによって，不足の点

を補っていただきたいと思う．

　1章，6章，7章は多賀谷英幸，2章は進藤隆世志，3章は大塚康夫，4章は玉井康文，5章は門川淳一が担当した．

　なお，本書の出版にあたり，多大なご協力をいただいた朝倉書店編集部の方々に対し，深く感謝の意を表したい．

　2002年3月

著者を代表して　多賀谷英幸

目　　次

1. 有機化学工業 ··· 1
　1.1　変わる生活様式と化学工業 ··· 1
　1.2　有機化学工業 ·· 2
　1.3　有機炭素資源 ·· 3
　1.4　わが国における物質の流れ ··· 3
　1.5　環境と化学 ·· 5
　1.6　人口の増加 ·· 6

2. 石油資源化学 ··· 7
　2.1　石油のノーブルユース ·· 7
　　2.1.1　石油の埋蔵量と可採年数 ··· 7
　　2.1.2　石油の歴史と原油生産量 ··· 8
　　2.1.3　石油の輸送と用途別需要 ······································· 10
　　2.1.4　環境への影響 ·· 11
　　2.1.5　石油化学工業 ·· 12
　　2.1.6　ノーブルユース ·· 13
　2.2　化学原料としての石油 ·· 14
　　2.2.1　原油の元素組成と原油中の成分 ···························· 14
　　2.2.2　原油の蒸留性状 ·· 14
　　2.2.3　石油留分中の炭化水素組成 ··································· 15
　　2.2.4　石油化学原料 ·· 17
　2.3　オレフィン製造プロセス ··· 17
　　2.3.1　炭化水素の熱安定性 ··· 18
　　2.3.2　高温熱分解反応 ·· 19
　　2.3.3　熱分解メカニズム ·· 20
　　2.3.4　高温熱分解プロセス ··· 22

2.3.5　オレフィンの用途 …………………………………… 24
　2.4　芳香族製造プロセス …………………………………………… 25
　　2.4.1　接触改質 ………………………………………………… 25
　　2.4.2　二元機能触媒の触媒作用 ……………………………… 26
　　2.4.3　接触改質プロセス ……………………………………… 27
　　2.4.4　芳香族炭化水素の分離 ………………………………… 29
　　2.4.5　芳香族炭化水素の相互変換（脱アルキル化，不均化，異性化）…… 30
　　2.4.6　芳香族炭化水素の用途 ………………………………… 32

3. 石炭資源化学 …………………………………………………… 33
　3.1　石炭資源の特徴 ………………………………………………… 33
　3.2　石炭の性質と化学構造 ………………………………………… 35
　　3.2.1　石炭の組成とおもな性状 ……………………………… 35
　　3.2.2　石炭の分類 ……………………………………………… 36
　　3.2.3　石炭の化学構造 ………………………………………… 37
　3.3　石炭の消費量と用途 …………………………………………… 40
　3.4　石炭の利用と化学 ……………………………………………… 41
　　3.4.1　熱分解 …………………………………………………… 41
　　3.4.2　燃焼 ……………………………………………………… 47
　　3.4.3　ガス化 …………………………………………………… 49
　　3.4.4　液化 ……………………………………………………… 54
　3.5　石炭の利用に伴う地球環境問題とその対策 ………………… 60
　　3.5.1　二酸化炭素 ……………………………………………… 60
　　3.5.2　硫黄酸化物 ……………………………………………… 62
　　3.5.3　窒素酸化物と亜酸化窒素 ……………………………… 64

4. 天然ガス資源化学 ……………………………………………… 69
　4.1　天然ガスとは何か ……………………………………………… 69
　　4.1.1　在来型天然ガス ………………………………………… 70
　　4.1.2　非在来型天然ガス ……………………………………… 72
　4.2　天然ガス資源の分布と埋蔵量・生産量 ……………………… 74

4.2.1　在来型天然ガス資源の埋蔵量・生産量 ································ 74
　　4.2.2　非在来型天然ガス資源の資源量 ······································ 76
　4.3　天然ガスの輸送法と貿易 ·· 77
　　4.3.1　天然ガスの輸送法 ·· 77
　　4.3.2　天然ガスの貿易 ·· 78
　4.4　天然ガスのエネルギー資源としての環境調和性と利用法 ···················· 79
　　4.4.1　LNG 火力発電の燃料としての利用・特徴 ····························· 81
　　4.4.2　都市ガス原料としての利用 ·· 82
　　4.4.3　自動車燃料としての利用 ·· 83
　　4.4.4　LNG のもつ冷熱の利用 ·· 84
　　4.4.5　燃料電池用燃料としての利用 ······································ 84
　4.5　天然ガス資源の化学的変換法とその特徴 ·································· 85
　　4.5.1　メタンを原料に用いる合成ガス製造法 ······························ 86
　　4.5.2　合成ガスからの化学製品製造法 ···································· 88
　　4.5.3　メタノールからの化学製品製造法 ·································· 88
　　4.5.4　メタンを原料とする直接的化学製品製造法 ·························· 89
　　4.5.5　今後実用化が期待されるメタンの直接活性化法 ······················ 90
　　4.5.6　天然ガス中に含まれるメタン以外の炭化水素からのオレフィン
　　　　　　製造法 ·· 92

5. バイオマス資源化学 ·· 94
　5.1　バイオマス資源の特徴 ·· 94
　　5.1.1　バイオマス資源とは ·· 94
　　5.1.2　バイオマス資源の特徴 ·· 94
　　5.1.3　バイオマスは再生可能資源 ·· 95
　　5.1.4　バイオマス資源の不安要因 ·· 96
　5.2　バイオマス資源の種類と利用 ·· 97
　　5.2.1　バイオマス資源の種類 ·· 97
　　5.2.2　バイオマス資源の利用状況 ·· 97
　5.3　多糖類系バイオマス資源 ·· 99
　　5.3.1　セルロース資源 ·· 99

5.3.2　キチン，キトサン資源 …………………………………………… 104
　　5.3.3　デンプン ……………………………………………………………… 109
　5.4　マリンバイオマス資源 ………………………………………………… 109
　　5.4.1　マリンバイオマス資源の種類 …………………………………… 109
　　5.4.2　アルギン酸 …………………………………………………………… 110
　5.5　その他のバイオマス資源 ……………………………………………… 111
　5.6　エネルギー資源としてのバイオマス ………………………………… 112

6. 廃炭素資源化学 ……………………………………………………… 115
　6.1　廃炭素資源 ……………………………………………………………… 115
　6.2　廃棄物の現状 …………………………………………………………… 115
　6.3　再生資源の利用 ………………………………………………………… 117
　6.4　家庭ごみおよび事業系ごみの組成 …………………………………… 118
　6.5　容器包装リサイクル法および家電リサイクル法 …………………… 119
　6.6　古　　紙 ………………………………………………………………… 120
　　6.6.1　古紙の再利用における前処理 …………………………………… 120
　　6.6.2　紙の利用形態 ………………………………………………………… 120
　6.7　プラスチックの再利用 ………………………………………………… 122
　　6.7.1　プラスチックリサイクルの種類 ………………………………… 122
　　6.7.2　プラスチックのサーマルリサイクル …………………………… 123
　　6.7.3　プラスチックのマテリアルリサイクル ………………………… 123
　　6.7.4　プラスチックのケミカルリサイクル（油化） ………………… 124
　　6.7.5　プラスチックのケミカルリサイクル（高炉還元） …………… 125
　　6.7.6　プラスチックのケミカルリサイクル（高温水中でのプラスチック
　　　　　の分解反応） ………………………………………………………… 127
　6.8　木　く　ず ……………………………………………………………… 127
　　6.8.1　木くずの原料化 ……………………………………………………… 128
　　6.8.2　木くずの燃料化 ……………………………………………………… 128
　6.9　汚　　泥 ………………………………………………………………… 129
　　6.9.1　汚泥のメタン発酵 …………………………………………………… 129
　　6.9.2　汚泥の焼却 …………………………………………………………… 130

  6.9.3　汚泥の肥料化 …………………………………… 130
  6.9.4　汚泥の飼餌料化 …………………………………… 130
 6.10　繊維くずの再利用 ……………………………………… 130
 6.11　廃タイヤ，ゴムくずの利用 …………………………… 131
 6.12　廃 食 用 油 ……………………………………………… 132
 6.13　動植物性残査 …………………………………………… 133
 6.14　家畜ふん尿 ……………………………………………… 134
 6.15　生ごみのコンポスト化 ………………………………… 134
 6.16　ご み 発 電 ……………………………………………… 136

7. 資源とエネルギー …………………………………………… 138
 7.1　一次エネルギーとは …………………………………… 138
 7.2　一次エネルギーの需要の推移と見通し ……………… 139
 7.3　二次エネルギーの需要見通し ………………………… 140
 7.4　資源の有限性 …………………………………………… 140
 7.5　エネルギーを安定的に獲得するための国家的計画 … 142
 7.6　環境問題との関係：エネルギー利用と二酸化炭素の放出量 …… 142

参 考 文 献 ……………………………………………………… 145
索　　　引 ……………………………………………………… 147

1

有機化学工業

1.1 変わる生活様式と化学工業

　化学工業は石油，天然ガス，塩，鉱物などを原料とし，それらを化学的に変換して多様な生活製品を生産する工業であり，金属（鉄鋼）工業などとともに基礎素材型産業に位置づけられる．化学工業は生産する製品の種類によって，無機化学工業および有機化学工業に分類することができる．無機化学工業では，無機薬品や無機材料が製造され，有機化学工業では，図1.1のように有機薬品，合成ゴム，化学繊維，化学肥料，プラスチック，医薬品，塗料・印刷インキ，化粧品，写真用感光剤，油脂・界面活性剤などが生産されているが，化学工業製品のなかでは，有機化学工業製品の出荷額が90％を超えている．

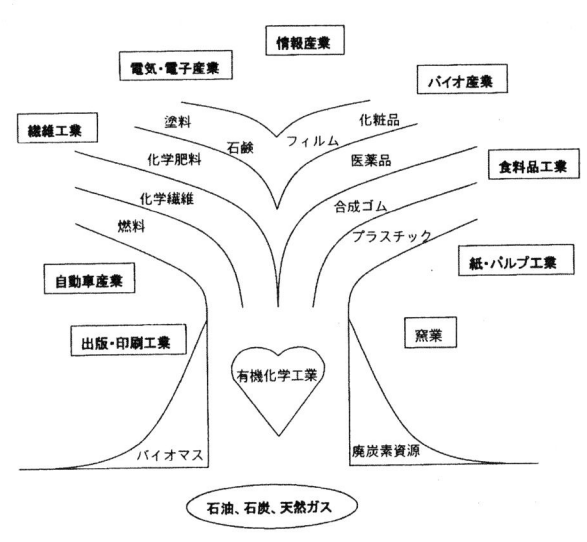

図1.1 有機化学工業の原料および製品

戦後さまざまな産業が発展してきたが，化学工業は繊維・食料品工業に寄与したばかりでなく，自動車産業や電気・電子産業をはじめさまざまな産業の発展に大きな役割を果たしてきた．21世紀に大きな発展が期待される情報産業やバイオ産業，新素材産業においても，化学工業が大きな役割を果たすと考えられる．

1.2 有機化学工業

化学は，中世に錬金術など経験的な積み重ねを基本に発展してきた．化学産業は，都市化が進み，生活様式が変化する産業革命の時代に，図1.2のようにアルカリ化合物や肥料など無機化合物の製造を中心にして誕生した．産業革命による動力の発展は，石炭採掘量の増大に寄与したが，石炭はコークス供給によって製鉄業の発展に寄与した．一方，コークスを製造するための石炭乾留は，大量の副製ガスをもたらしたが，この石炭ガスはガス灯として普及した．都市部における石炭乾留によるガス製造は，大量のタール状物質の排出をもたらした．これらは化石資源を源とする最初の大量廃棄物と考えてもよい．このような石炭タール状物質の分析によるさまざまな化合物の発見が，有機化学の出発である．さらに，タール状物質からの合成染料の製造法の発見が，現在へと続く有機化学工業の曙と位置づけることができる．

有機化学製品を生産している有機化学工業は，石油や石炭などの有機炭素資源を主原料とし，さらに生産に必要なエネルギーの多くも有機炭素資源に頼っている．このことから，有機化学工業は有機炭素資源を出発とし，化学変換プロセスを基本とする化学工業と位置づけられる．

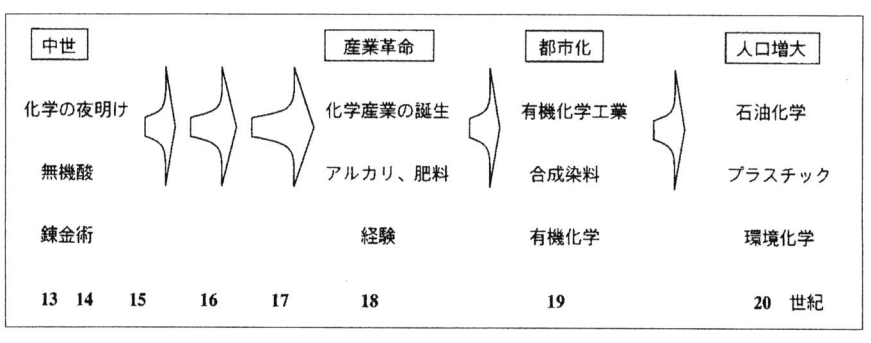

図1.2 化学の夜明け

-----合成染料の発見！-----

イギリスでは，植民地政策を進める上で，マラリア特効薬であるキニーネが重要な医薬であった．このキニーネの分子式は $C_{20}H_{24}O_2N_2$ であり，当初アニリン $C_6H_5NH_2$ の酸化により合成できると考えられた．化学者ホフマンの助手であったパーキンは，この実験中に偶然に赤紫色の化合物が生成することを見いだした．トルイジンはアニリン含有成分の不純物であるが，アニリンやトルイジンの反応で合成されたモーブは，その後数々の合成染料の発見を通して有機化学工業の発展に寄与した．このような有機化学工業の出発が，偶然にも廃棄物である石炭タールの利用から始まったことは興味深い．

アニリンからのモーブの合成

1.3 有機炭素資源

有機炭素資源には，再生産が可能な"バイオマス"と過去のバイオマスの化石であり再生産できない"有機化石資源"がある．近年，生産および製品流通の最終段階で得られる廃有機炭素資源も，重要な有機炭素資源として認識されるようになった．

バイオマス資源には，薪や木材などが含まれ，化石資源には石炭，石油，天然ガス，オイルサンド，オイルシェールが含まれる．また廃炭素資源としては生ごみ，紙，プラスチックが含まれる．

1.4 わが国における物質の流れ

わが国は技術貿易立国であり，資源や製品，食料品などを輸入し，付加価値の高い機械類や自動車などを輸出している（図1.3）．物質の流れを量で考えた場合，

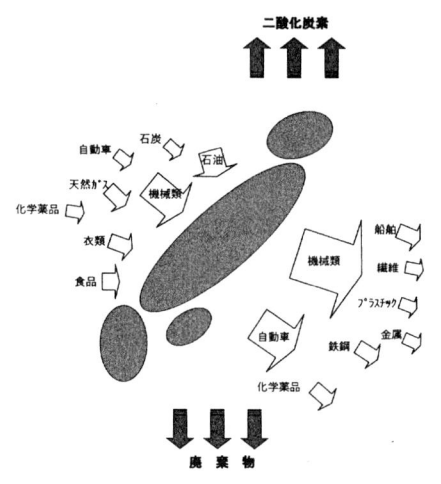

図 1.3 日本における資源と製品の輸出入の流れ
（矢印の大きさが金額に比例）

　輸入量は6億トンであるが，輸出量は0.8億トンにすぎない．輸入物質量の半分弱は石油であることから，これらの80％以上は燃焼によって二酸化炭素として排出されている．一方，工業生産においては，国内資源の供給もあり，毎年4.5億トンに達する廃棄物が排出されている．

　わが国は，資源やエネルギーとして産業を支えている石油，石炭，天然ガスなどの有機資源をほぼ100％外国に依存しており，さらに衣料，自動車，機械などの製品や，食料品などを輸入している．付加価値の高い機械や自動車の生産においては高度な産業技術が不可欠であり，技術貿易立国であるわが国においては，独創的な技術開発が非常に重要であることを示している．

　世界の化学企業は，世界的な競争のなかで淘汰，統合などを繰り返し，規模が大きくなるとともに大きな利益をあげている（表1.1）．わが国の化学企業は，規模などの点で欧米諸国の企業に比べてかなり小さく，国内での過当競争が利益幅を小さくしている．このため，基礎研究などへの投資が小さく，将来への課題が大きい．

　一方，輸入に頼り，エネルギーや素材などとして不可欠な有機炭素資源は有限であり，このことはわが国において多様な資源利用の技術の開発が重要であることを示している．また，物質生産の増大・多様化とともに廃棄物の増加・質の変化が起こり，最終処分場の不足と，有害化学物質の適正処理の観点から，廃棄物

表1.1 世界の化学・医薬品工業（世界国勢図絵，国勢社，1999）

業種別順位	総合順位	会　社　名	国　名	売上高 (百万ドル)	雇用者数 (千人)
1	49	デュポン	アメリカ	41304	98
2	64	プロクター・アンド・ギャンブル	アメリカ	35764	106
3	77	BASF	ドイツ	32178	105
4	80	バイエル	ドイツ	31731	145
5	92	ヘキスト	ドイツ	30055	118
6	144	メルク	アメリカ	23637	54
7	150	ジョンソン・アンド・ジョンソン	アメリカ	22629	91
8	167	ノバルティス	スイス	21494	87
9	184	ダウ・ケミカル	アメリカ	20018	43
10	210	インペリアル・ケミカル	イギリス	18121	70
11	230	ブリストル・マイヤーズスクイブ	アメリカ	16701	54
12	252	ローヌ・プーラン	フランス	15413	68
13	289	アメリカン・ホーム・プロダクツ	アメリカ	14196	61
14	293	三菱化学	日本	14122	29
参考	1	ゼネラル・モーターズ	アメリカ	178174	608
	2	フォード・モーター	アメリカ	153627	364

排出量を減らすことが，化学工業にとっても重要な課題の一つとなってきた．

1.5　環境と化学

多様な化学物質が生活向上に寄与してきたが，同時に人間の健康に影響を与えるような化学物質の存在がクローズアップされてきた．発がん性などの一般毒性としてかなり高い有毒性を示すダイオキシンは，農薬などの副生成物として生成し，さらに近年わが国における排出の90％以上は，廃炭素資源の焼却によるものである．そのため，焼却温度の制御や排ガスの処理など，焼却施設の見直しが進められ，ダイオキシン生成のより少ない焼却炉が使われるようになった．またダイオキシンは塩素を含む化合物で，その生成には塩素源が不可欠である．塩素を含むプラスチックは，ダイオキシンの塩素源になるため，その生産・利用などに影響が出ている．

さらに，従来の一般毒性とは異なる毒性として，生殖毒性が知られるようになった．この生殖毒性を有する化合物として，内分泌撹乱化学物質（環境ホルモン）の存在が指摘されるようになった．生殖毒性を有することが疑われている化学物質として，ダイオキシン類などのほか，身近にかつ大量に存在する洗剤の誘導体や，プラスチックの可塑剤やモノマーがある．

1.6 人口の増加

17世紀には4～5億人であった世界人口は，19世紀初めに10億人に達し，第一次世界大戦後に20億人，第二次世界大戦後には30億人に至った．近年は1年間に8000万人から1億人もの割合で増えている．低位，中位，高位の将来人口推定がなされているが，図1.4のように中位推定でも，2050年には90億人を超えると予測されている．これら人口増加においては，アジア・アフリカ諸国の寄与が大きい．

われわれの生活を考える上で，有機化学工業の果たしている役割は大きいが，この工業を支えている有機炭素資源は有限である．人口の増加とそれに伴う有機炭素資源使用量の増加，有害化学物質の排出は互いに関連がある．したがって有機化学工業のみならず諸工業において，環境を考慮・意識した物づくりが不可欠である．

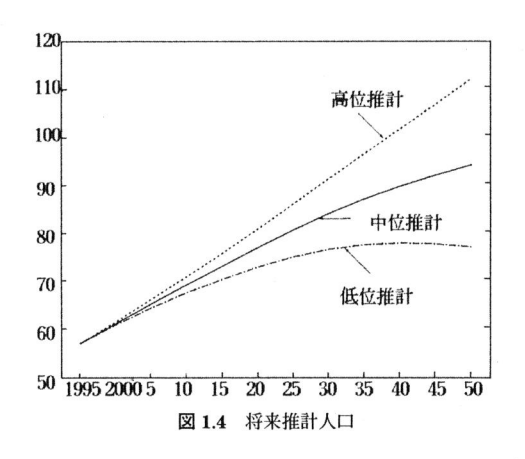

図1.4 将来推計人口

----- 人間の平均寿命 -----

わが国は世界でも長寿の国として知られ，平均寿命は80歳以上に達している．しかし，産業革命が進行していた19世紀中頃においては平均寿命はたかだか45歳程度であり，古代・中世では25歳であった．環境問題を念頭におき，昔はよかった，とよくいわれる．さまざまな物質の恩恵によって得られた現在の平均寿命を落とさず，環境だけを昔に戻すことができるのか，という疑問がある．人口増加の現状を考えても，社会生活や資源のあり方など，大きな変化を前提にした現実的な対応が望まれている．

2

石油資源化学

2.1 石油のノーブルユース

2.1.1 石油の埋蔵量と可採年数

石油が人類にとって将来にわたり貴重な資源であることはいうまでもない．石油は世界のエネルギー需要の37％（日本のエネルギーの49％）を供給し，6000種類以上の工業製品に不可欠な基礎原料であり，輸送用燃料，民生用熱源，発電用燃料などさまざまな形で活用されている．石油資源は地球上にどれだけ存在しているのだろうか．地下資源はその存在が未知であることが多い．また，資源としての評価においても不確定要素は多い．このため，一般に資源量については簡単に答を出すことは困難とされている．埋蔵量の概念も多様である．

石油についての一例を図2.1に示す．ここで，資源としての量が最も確かで，かつ広く用いられているのは確認埋蔵量である．油層内に存在する原油の総量

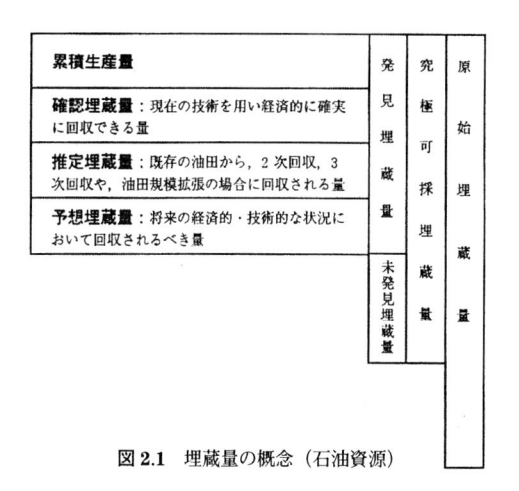

累積生産量			
確認埋蔵量：現在の技術を用い経済的に確実に回収できる量	発見埋蔵量	究極可採埋蔵量	原始埋蔵量
推定埋蔵量：既存の油田から，2次回収，3次回収や，油田規模拡張の場合に回収される量			
予想埋蔵量：将来の経済的・技術的な状況において回収されるべき量			
	未発見埋蔵量		

図2.1 埋蔵量の概念（石油資源）

表 2.1　石油の可採年数の移り変わり

年	可採年数（年）
1930	18
1950	20
1960	40
1970	36
1980	29
1990	45
2000	42

（原始埋蔵量）のうち，技術的・経済的に生産可能なものを可採埋蔵量というが，通常，原始埋蔵量の 20 ～ 30 ％程度である．確認埋蔵量とは，可採埋蔵量のうち，最も生産が確実視されるものをさしている．しかし，この確認埋蔵量も探査，採掘の技術水準と原油価格により変動する．すなわち，石油探査や掘削をはじめ，回収技術の進歩に伴い現在の油田の原油採収率は向上する．また，価格が上昇すれば経済的に採掘可能な資源量が増えるだけでなく，新規油田の発見などにより，結果的には確認埋蔵量から推定埋蔵量へ，さらに予想埋蔵量へと資源量が増大するからである．

　ある年の年末の確認埋蔵量をその年の年間生産量で除した数値が石油の可採年数である．前述のとおり，確認埋蔵量は技術水準と価格により変化するものであるから，可採年数は石油が枯渇するまでの期間を示しているわけではない．これはとくに留意すべきで点であろう．1970 年代に起こった二度にわたる石油危機の際に，当時の可採年数から，「石油はあと 30 年でなくなる」とまことしやかに語られていたが，これが誤りであることは表 2.1 からも明らかである．

2.1.2　石油の歴史と原油生産量

　石油と人間との関わりについて簡単に触れておこう．人類は太古より石油を利用してきた．旧約聖書によれば，「ノアの方舟」はアスファルト（歴青）で塗装・防水され（前 6000 年頃），幼いモーゼを入れた篭もまた天然アスファルトで隙間をふさぎ防水・防湿・保温されていた．「バベルの塔」はアスファルトで煉瓦を固めてつくられた（前 4000 年頃）という．シュメール人，ペルシャ人，エジプト人らはアスファルトを建造物や舗道をつくる際の接着剤に，また，神像やモザイクを作成する際の接着剤やミイラの防腐剤などに用いた（前 3000 ～ 2000 年頃）．

中国，インドやインカ帝国においても，石油は照明，暖房，防水，薬用，祭りの灯火などに用いられていた．また，アメリカ先住民族は，天然に産出するアスファルトをカヌーの防水に，あるいは絵の具（出陣のボディーペインティング）や薬として用いた．石油は武器としても使用されていた．古代ギリシャ人は海に注いだ石油に火を着けて敵艦隊を攻撃した．ペルシャ人の発明した火炎兵器「ギリシャの火」（硫黄または硝石，ときには樹脂を燃えやすいナフサと混合した石油系火器，カタパルトや大弩によって発射）は改良されると（650年），大砲が発明される14世紀までの間，最も強力な武器となった．

わが国では「燃ゆる水」（石油）と「燃ゆる土」（アスファルト）が天智天皇即位の年（668年）に越の国（現在の新潟地方）から献上され（日本書紀），また，この地方で産出された天然ガスは竹管で導かれ，燈火用や炊事用に用いられていた（北越雪譜，1841年）．

18世紀末，「石油ランプ」が発明された．石油からつくられた灯油は，それまで用いられていた鯨油，植物油，石炭油よりも安価でよく燃え，臭いや煙の発生が少ないなど良質であったので，石油を産出しない国の人々にも広く利用されるようになった．石油の需要は伸び，各地で掘削が行われた．

1859年，E. L. Drake はアメリカ合衆国ペンシルバニア州タイタスビルにおいて石油の機械掘に初めて成功し，深度21mの油井から日産4.8klの原油が生産された．そして，これが近代石油産業の幕開けとなり，石油ラッシュが起こった．バクー油田の開発（1870年代），オランダ領東インド諸島（スマトラ島）の油田発見（1880年代）など世界各地に石油開発が広まるなか，アメリカ合衆国ではテキサス州スピンドルトップにおいてA. Lucas が大噴出油井を発見する（1901年）など南部の油田開発も進められた．当時の需要は「ニューライト」とよばれる燈火用の灯油が中心であった．引火点が低く，危険なガソリン留分は川へ捨てられ，このため，川下ではしばしば火災が発生した．この危険でその当時の無用の長物（ガソリン留分）を利用するために考案されたのが内燃機関（ガソリンエンジン）である．G. Daimler, H. Ford らによるガソリンエンジン自動車の開発と普及により，ガソリンの需要は急速に伸びた．第一次世界大戦を契機に航空機用のガソリンなど新しい需要が増えた．さらに，ディーゼルエンジンが発明されて，船舶や大型車両への使用が普及し，軽油の需要は増大した．また，発電所，工場，ビルなどのボイラー用燃料として，重油の需要も増大した．

10　　　　　　　　　　　　2. 石油資源化学

------原油はどのようにしてできたの？------

　原油は数億年前の生物の遺産である．約35億年前に生物は地球上に生まれ，はじめは酸素を必要としない海中の下等微生物，その後酸素を必要とする生物が出現した．約4億年前には植物が地上に現れ，それを食べて生活する陸上の動物が活動をはじめた．その後動物は徐々に大型化し，恐竜の時代を迎えるが，その恐竜も今から6400万年ほど前に忽然として絶滅の運命をたどった．原油はこの頃までに地下深くつくられていった．

　原油のもとは，海や湖で繁殖した藻類やプランクトンなどの生物体の遺骸とされている．土砂と一緒に水底に堆積したこれらの遺骸は岩石となる間に，嫌気性バクテリアの働きによってメタンを発生しつつ糖類，アミノ酸，脂肪酸，フェノールなどの単量体に分解されるとともに，大部分は不溶性の複雑な高分子状の有機物質（ケロージェン）に変換される．原油は，ケロージェンを含む岩石が地下深く堆積するときに，地熱と地圧の作用を受けてケロージェンが熱分解して炭化水素に変換されたものと考えられている．

　このようなケロージェン根源説とよばれる有機成因説は，石油形成の最も有力な説となっている．これとは対照的に，炭酸ガス，水などが地殻中のアルカリ金属と高温，高圧下で反応したり，カーバイドと水との反応から生成した炭化水素が地殻中に貯えられて原油に変化したとする無機成因説も提案されている．

　このようにして，石油の需要が急速に増す一方で，中東をはじめとする大油田の発見や石油の探査・採収技術の進歩によって原油の供給は順調に行われた．また，新規な石油精製法の開発によって，変化する石油の需要への対応は柔軟になされてきた．現在，世界の年間原油生産量は41億 kl（2004年）に達している．また，原油の累積生産量は約1510億 kl（9500億バレル）を超えている．

2.1.3　石油の輸送と用途別需要

　最近，一部の石油製品は輸入されているが，原油の大部分は生産地から消費地へ輸送され，精製されて石油製品となり，用途に応じて使用されている．わが国の場合を例にしてみてみよう．

　わが国の年間石油需要は約3億 kl であるが，国産原油は80～90万 kl にすぎない．そのため，その大部分を海外に依存している．輸入量は1日あたり，ほぼ80万 kl にも及ぶ．中東から輸入する場合には，海上輸送に往復で45日間を要する．載貨容積40万 kl の超大型タンカー（ULCC：ultra large crude oil carrier）を使用したとしても，わが国と中東との間の海上航路には約90隻もの ULCC がたえず航行していることになる．

表2.2 石油製品の用途別需要（単位：1000kl）（平成12年度）

油種\用途	ガソリン	ナフサ	ジェット燃料油	灯油	軽油	重油	原油	LPG	潤滑油	合計(%)
自動車	58262				40103			2893	733	101991 (35.3)
航空機	7		4608							4615 (1.6)
運輸・船舶				暖房 1509	鉄道 445	船舶 6283			199	8436 (2.9)
農林・水産				発動機・乾燥器・ビニールハウス 3106	856	ビニールハウス・漁船 5261				9223 (3.2)
鉱工業	洗剤・溶剤 103			燃料 7038	51	燃料 24966		燃料 9175	1260	42593 (14.8)
都市ガス		102						3856		3958 (1.4)
電力		火力発電 120			離島発電 290	火力発電 11649	火力発電 7329	火力発電 715		20103 (7.0)
家庭・業務				暖房・厨房風呂 18264		ビル暖房浴場 12723		暖房・厨房風呂 14018		45005 (15.6)
化学用原料		石油化学肥料 47465					石油化学肥料 1746	化学 3580		52791 (18.3)
合計 (%)	58372 (20.2)	47687 (16.5)	4608 (1.6)	29917 (10.4)	41745 (14.5)	60882 (21.1)	9075 (3.1)	34237 (11.9)	2192 (0.8)	288714 (100.0)

出典：石油連盟その他（石油情報センター「石油事情資料」平成13年11月）．
表中の用途例は産業活動と国民生活のうち「身近なもの」中の一例．

　こうして輸入された原油は，いったん原油タンクに蓄えられたのち，精製される（図2.5参照）．まず，原油は加熱・蒸留されて，沸点の近いものが連続的に集められる．この留分に化学変換や物理操作を行って，必要な性状を付与したものが石油製品である．石油製品の用途別需要を表2.2に示した．石油製品の大部分は燃料として利用されている．また，わが国の石油需要約3億klは世界の原油生産量の約8％にあたる．この需要量はわが国で生産あるいは消費される鉱工業製品のなかで群を抜いて最大である．

2.1.4 環境への影響

　石油の大部分は燃料として用いられている．燃焼に伴い発生する成分の環境に及ぼす影響については十分に考慮しなければならない．石油を燃焼すれば二酸化炭素が発生する．また，石油中の不純成分や燃焼条件などにより，硫黄酸化物や

窒素酸化物が発生する．わが国の硫黄酸化物対策は確立されており，窒素酸化物の処理技術も進歩している．家庭用の灯油は高品質であり，室内での燃焼に配慮して硫黄分は80ppm以下である．軽油についても世界水準の0.005％（50ppm）の硫黄含有率に制限されている．今後，ディーゼルエンジンからの排出物の抑制を考慮してさらに厳しい規制が想定される．また，ガソリンについても硫黄分は100ppm以下に制限されている．なお，ガソリンについては硫黄分に加えて，NO_xの発生を抑制するためメチル-t-ブチルエーテル（MTBE）の含有率も規制され（7vol％以下），さらに発がん性物質の低減のため2000年にはベンゼン含有量（1vol％未満）も厳しく制限されている．しかし，二酸化炭素については，化学安定性が高い上に，全世界の年間排出量は炭素換算で66億トン（わが国の場合は3.3億トン）と発生量が膨大であるため，現段階では適切な処理方法はない．また，二酸化炭素の地球温暖化寄与率は比較的高いことが指摘されており，その対策は世界共通の課題となっている．二酸化炭素の発生源は石油に限ったことではないが，その低減化（排出量の抑制）に努めることが大切であろう．

2.1.5 石油化学工業

石油をただちに燃料として使用することなく，原料として活用することが望まれるが，その代表的なものとして石油化学工業がある．石油化学工業は，アメリカ合衆国において熱分解ガソリン製造時に副生する分解ガスを合成化学原料として利用することから始まったが，世界的に基幹産業として発展したのは第二次世界大戦後のことである．

わが国では1958年から1972年までの間に合計15の石油化学コンビナート（企業集団）が誕生した．ナフサ分解から始まる石油化学の工業化には多額の資本，広範な専門技術，広大な工業用地，整備された販売網や調査組織が必要であり，一企業が単独で実施するのは困難である．このため石油化学コンプレックス（コンビナート）が形成された．原油から石油化学製品に至る流れとそれに関連する工業を図2.2に示した．石油化学製品の需要分野は合成樹脂，合成ゴム，塗料，合成洗剤，界面活性剤など広範囲にわたる．その出荷額は全化学工業のほぼ半分を占めており，石油化学工業は化学工業の中心的存在となっている．そして，その製品は情報，電気通信，包装，運送保管，自動車，食品など，広い分野で社会のニーズに応えている．さらに，原油回収，船舶塗料，都市ガス配管，医療機器，電子部品材料，情報技術などの最先端の分野でも，石油化学製品はその特性

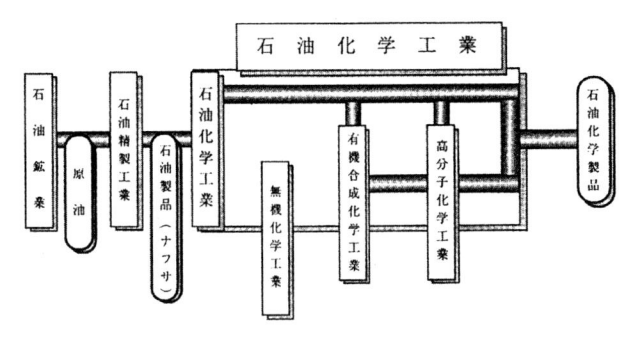

図2.2 原油から石油化学製品まで—その流れと工業

を発揮し，社会に貢献している．

2.1.6 ノーブルユース

石油は藻類やプランクトンなどの生物が泥とともに水底に堆積して，数千万年から数億年の期間を経て生成したといわれている．堆積物中に取り込まれた有機物のほとんどは固体であるため，そのままでは液体の原油にはならない．この固体有機物はいったん変質し，「ケロージェン」とよばれる有機物の重合体をつくる．「ケロージェン」とは岩石や堆積物を有機溶媒で抽出した際に溶解しなかった成分を指している．その分子構造は複雑で不明な点が多いが，熱エネルギーを受けるとケロージェン中の弱い結合が切断され，より分子量の小さい有機物に分解される．これが石油生成の原因と考えられている．現代の生活に欠くことのできない石油は，実は過去の生物がわれわれに残してくれた偉大な贈り物といえよう．人類は太古より石油を利用してきたが，20世紀半ばまでの使用量はそれほど多いものではなかった．ところが，図2.3から明らかなように，ここ20〜30年の間に驚くほど大量の石油が消費されてきたのである．

貴重な資源である石油を，これほど短期間に，これだけ大量に消費し続けてよいものだろうか．燃料としての大量消費を早期に見直し，より賢明で，より効果的な使い方を早期に見いだしたいものである．まず，石油を原料として使用し，ついで石油化学製品を可能なかぎりリサイクルし，リサイクリングがもはやできない最終段階で，初めて燃料にすることは石油の最も効果的な使い方の一つと考えられるが，そのためには資源を循環使用するための技術開発のみならず社会全体のシステムづくりが肝要であろう．

いずれにしても，限りある石油を人類共通の貴重な資源として，長期間にわた

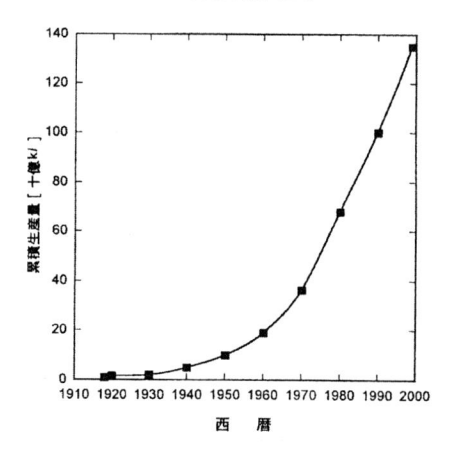

図 2.3　世界の原油累積生産量の推移（"Twentieth Century Petroleum Statistics" に基づいて作成）

り賢明に活用したいものである．

2.2　化学原料としての石油

化学原料として石油を使用するときには，その化学組成・性質など特性を把握した上で利用することが重要であろう．

2.2.1　原油の元素組成と原油中の成分

原油の元素分析値の範囲は一般に次のとおりである．炭素 82～87％（wt％，以下同じ），水素 11～14％，硫黄 0.5～3％（最大7％），窒素～1％，酸素～1％（最大3％），金属（灰分）数～数十 ppm，また，主要元素である炭素と水素との原子比は 1：1.5～2 である．

原油中の成分は炭化水素と非炭化水素とに大別される．炭化水素は原油の主要成分であり，パラフィン，ナフテン（シクロパラフィン）および芳香族炭化水素からなる．オレフィンは見いだされていない．非炭化水素はいわば不純成分であり，硫黄，酸素，窒素および金属を含む有機化合物である．これらの化合物は装置の腐食，触媒の被毒，大気汚染，酸性雨などの原因となり，さらに石油製品の品質低下をもたらすので，有害成分であるといえる．

2.2.2　原油の蒸留性状

原油を常圧下で蒸留したときの留出温度（沸点）と留出量との関係を示したのが図 2.4（蒸留曲線）である．沸点範囲が 30～180℃の留分をナフサ（またはガ

2.2 化学原料としての石油

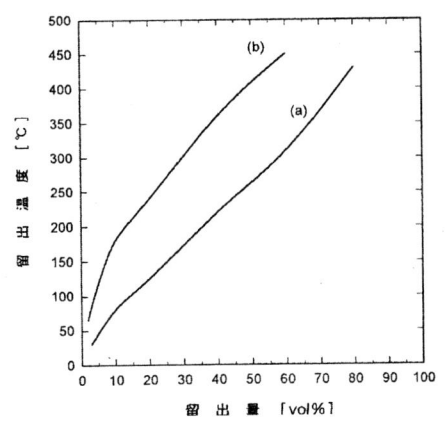

図 2.4 原油の蒸留曲線（(a) 軽質原油の例，(b) 重質原油の例）

ソリン留分），180〜250℃の留分を灯油留分，250〜350℃の留分を軽油留分，350℃以上の留分を常圧残油（潤滑油・重油留分）とよぶ．蒸留性状からこれらの留分の収率（取得率，percentage yield）がわかる．重油留分の収率が50％以下の原油を軽質原油，その収率が50％以上の原油を重質原油としている．まれな例として，そのままガソリンエンジンに使えるような軽質原油もある．その一方で，常温ではほとんど流動性をもたないパラフィンあるいはアスファルト状の重質原油もある．

石油精製においては，まず原油を常圧下で蒸留して各種留分に分ける．ついで各留分中の有害成分を除去し，あるいは新たな性状を付与するための化学変換や物理操作を行い，石油製品とする．参考までにその工程を図2.5に示した．

2.2.3 石油留分中の炭化水素組成

原油を蒸留して留分に分け，各留分中の炭化水素組成を示したのが図2.6である．これはアメリカ合衆国オクラホマ州のポンカ原油の例であるが，ナフサでは50％近くがパラフィンであり，ナフテンが40％を超え，芳香族炭化水素は10％にみたない．灯油留分，軽油留分，潤滑油・重油留分と沸点が高くなるにつれてパラフィン含有率は低下し，多環のナフテンおよび芳香族が増える．このような炭化水素組成の沸点の特徴は，その他の原油についても一般的に観察される傾向である．

なお，パラフィン炭化水素に富む原油をパラフィン基原油，またナフテン炭化

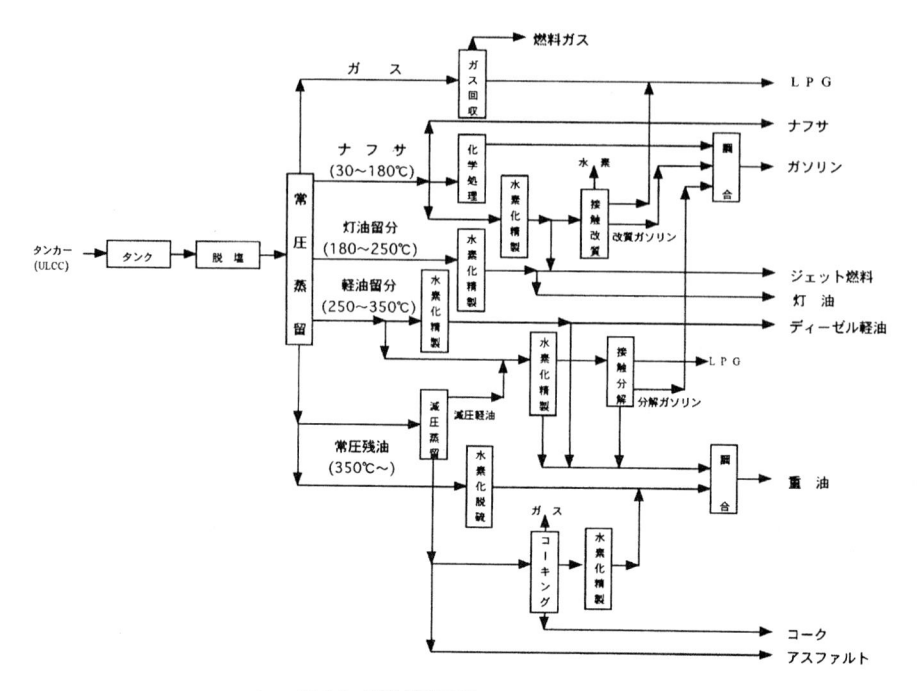

図 2.5　石油精製工程フローチャート

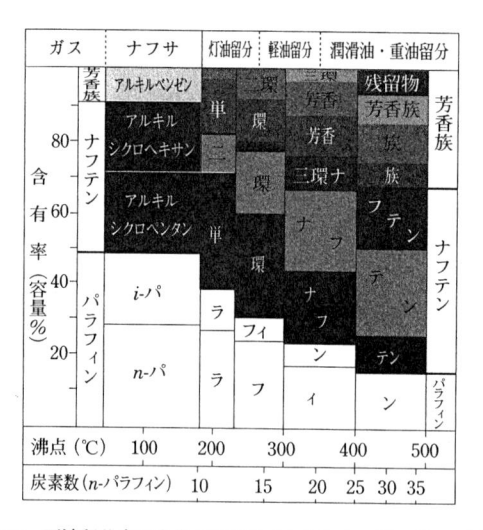

図 2.6　石油留分中の炭化水素組成（オクラホマ州，ポンカ原油）

水素に富む原油をナフテン基原油とよんでいる．原油中のパラフィン分，とくにワックス分とよばれる炭素数21以上の直鎖パラフィンはそのもとになった有機物のタイプを反映していると考えられる．ワックス分は陸上高等植物の樹皮や葉に由来し，この樹木が繁茂している熱帯のジャングル地帯で堆積し，それから生成した原油に多い．一方，海洋や湖の藻やプランクトンはその生物的特質上，炭素数30程度の物質をあまりつくることはなかった．そのため，これらを起源とする原油にはワックス分が少ない．

2.2.4 石油化学原料

石油化学工業の基礎原料として用いられるのは，ナフサをはじめ天然ガス（石油を含む貯留層から産出する随伴ガスでエタンを $8 \sim 20\,vol\%$ 含有），液化石油ガス，灯軽油などである．アメリカ合衆国では主として天然ガスとナフサが用いられており，わが国とヨーロッパではもっぱらナフサが使用されている．

ナフサは主としてオレフィンと芳香族炭化水素の製造用に使用されている．オレフィン製造にはパラフィン基原油からの直鎖パラフィンに富んだ軽質ナフサ（沸点 $30 \sim 100\,℃$）が，また芳香族炭化水素製造にはナフテン基原油からのナフテン（および芳香族）に富んだナフサ（沸点 $70 \sim 150\,℃$）が，それぞれ原料として適している．

わが国でナフサが石油化学原料として用いられているのは，石油化学工業の発足当時にナフサは余剰物であり，これを原料として利用することが計画されたためである．石油化学工業の発展に伴い，国産ナフサでは需要を賄いきれず，現在では3000万 kl 以上のナフサを輸入している．石油のなかで最も使いやすい留分であるナフサを現在のところはふんだんに使用しているが，貴重な石油を有効かつ適切に使うために，今後は石油精製プロセスをも念頭において石油化学原料の多様化に取り組んでいくことが必要となろう．

2.3 オレフィン製造プロセス

ここでは，ナフサを原料としてエチレンやプロピレンなどのオレフィンを製造するプロセスについて学習しよう．ナフサの主成分は前節で述べたとおりパラフィンである．パラフィンはその名の由来のとおり反応性に乏しい化合物であるが，これを反応性に富むオレフィンに転化して化学合成原料として供給することが，このプロセスの役割である．

> **バレルとは何の単位？**
>
> バレルとはもともとは英語で樽という意味である．その樽が石油の数量単位となったのはなぜだろうか．近代の石油産業は，1859年アメリカのペンシルバニア州でドレイクが油田の開発に成功したのをきっかけに始まったとされている．当時の石油の輸送にはシェリー酒の空樽など木製の樽（50ガロン）が利用されていた．はじめのうちは1樽に40ガロンずつ入れ運んでいた．ところが，生産量が増えて樽の製造が間に合わず，粗悪な樽が多く用いられるようになったため，目的地に着いたとき中身の石油は漏れや蒸発によって目減りし，需要家から多くの苦情がよせられるようになった．そこで，石油業者たちは最初から5%ずつ余分に石油を入れることを申し合わせ，1樽42ガロンとした．
>
> このように，1バレル（bblと書く）は42ガロン（約159リットル）という中途半端な値が定着することになったといわれている．以後，バレルはアメリカを中心に，原油の生産量，埋蔵量などの単位を表す用語となって慣用的に使われている．わが国では容量を表す単位としてキロリットルが使われているが，バレル/日×58＝キロリットル/年，バレル/日×5＝キロリットル/月という換算法を覚えておくと便利だろう．

また，このプロセスが化学プロセスのなかで最も上流側に位置するものの一つであり，天然に産出する混合物であるナフサからエチレン，プロピレン，ブテン類，ブタジエンなど単一化合物の複数の製品が製造されることも，このプロセスの特徴である．

2.3.1 炭化水素の熱安定性

炭化水素はある一定以上の熱エネルギーを与えられると，炭素-炭素結合が開裂し，遊離基（ラジカル）が生じる．このラジカルは後続の連鎖反応を誘発し，結果的には低級炭化水素，重質炭化水素および水素などが生成する．炭化水素の熱安定性はどうなっているのだろうか．代表的な炭化水素について，炭素原子あたりの標準生成自由エネルギーを示したのが図2.7である．生成自由エネルギーが小さい化合物ほど熱化学的に安定であることを意味する．ここで注目すべきことは，大部分の炭化水素の生成自由エネルギーが高温ほど大きく，不安定になることである．また，600℃以上の高温では，炭化水素より水素と炭素の方が安定であることもわかる．図中，アセチレンだけが高温ほど安定であり，1000℃を超えるとエチレンやプロピレンよりも安定であることも注目される．

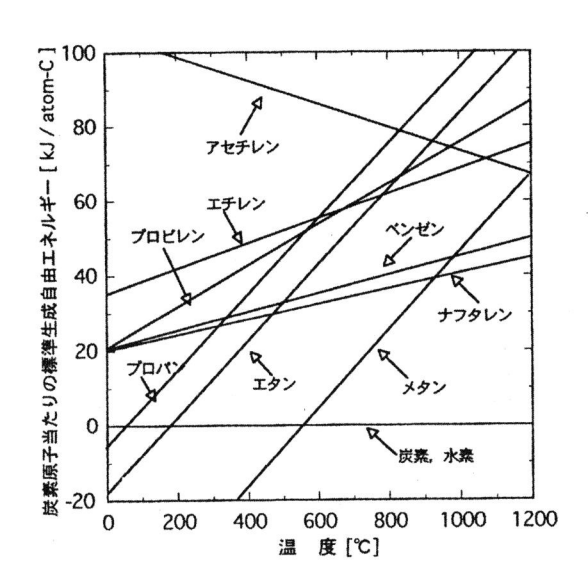

図 2.7 代表的な炭化水素の標準生成自由エネルギーと温度との関係

2.3.2 高温熱分解反応

ナフサからオレフィンを生成する化学反応は反応温度 750～850 ℃,反応時間 0.1～1 秒で行われている．このような高温,短時間の反応はなぜ必要なのだろうか．

ナフサにはナフテンや芳香族炭化水素も含まれているが,ここでは単純化してナフサはパラフィンからなるとして考えよう．パラフィンからオレフィンを生成する反応には 2 種類の経路がある．すなわち,

① パラフィン ⟶ オレフィン ＋ 小さなパラフィン（C-C 結合の開裂）
　　$C_{m+n}H_{2(m+n)+2}$　　　C_mH_{2m}　　　　　C_nH_{2n+2}

② パラフィン ⟶ オレフィン ＋ 水素　　　　（C-H 結合の開裂）
　　C_mH_{2m+2}　　　　C_mH_{2m}　　　H_2

これらの反応の標準自由エネルギー変化から平衡定数が 1 になる温度を求めてみると,それぞれ約 300 ℃,および約 700 ℃となる．すなわち,反応①は約 300 ℃以上で,反応②は約 700 ℃以上で生成系に有利である．このことから,熱分解の反応条件としては,おおまかに 700 ℃以上の高温が必要であることがわかる．

一方,あまり高温では前述のようにアセチレンの生成が有利になる．アセチレ

ンが分解ガス中に含まれると，ガスを分離する際の圧縮工程で（爆発性の金属アセチリドが生成されるため）爆発の危険性が増すので，ガス中のアセチレンを水素化してエチレンにする必要がある．このため，実際には水素化工程が取り入れられている．したがって，あまり高温ではアセチレン濃度が高くなり水素化処理に経費がかかり，かえって不経済である．このような理由から，ナフサの高温熱分解反応はおよそ 750〜850 ℃の温度で行われている．

ここで生成したオレフィンはさらに脱水素，水素化脱アルキル，環化，芳香族化など，二次的な反応を行う．これらの反応をまとめてオレフィンの逐次的消失反応とみなし，簡単化して示すと次のようになる．

$$\text{パラフィン} \xrightarrow{\text{分解}}_{k_d} \text{オレフィン} \xrightarrow{\text{消失}}_{k_c} \text{副反応生成物}$$

ここで，k_d, k_c は反応速度定数（擬一次反応とする）である．オレフィンの生成率を高めるためには (k_d/k_c) 比が大きい条件で反応を行うことが重要である．ところで，パラフィンの分解反応の活性化エネルギーは，オレフィンの消失反応の活性化エネルギーに比べてかなり大きいので，(k_d/k_c) 比は高温ほど大きい．そこで，パラフィンの熱分解反応はなるべく高温で行うが，生成オレフィンの消失を避けるために，反応時間はなるべく短くする必要がある．通常，ナフサの高温熱分解反応は 0.1〜1 秒程度の短時間で行われている．

次に，反応①および反応②に対するエンタルピー変化を計算すると，75 kJ/mol と 130 kJ/mol であって，いずれも大きい吸熱反応であることがわかる．

2.3.3 熱分解メカニズム

表 2.3 に各種炭化水素の熱分解反応の生成物分布を示す．原料の種類によらず，エチレンが主生成物であることがわかる．

熱エネルギーを与えられた炭化水素が分解し，エチレンの生成にいたる機構をエタンの分解を例としてとりあげよう．熱分解メカニズムは次の 5 段階からなると考えられている．

第 i 段階：炭素-炭素結合の開裂（開始反応）

熱分解の第一段階は炭素-炭素間の結合開裂に始まるメチルラジカルの生成である．前述のように，結合解離エネルギーの小さい炭素-炭素間の結合は炭素-水素間の結合に優先して開裂する．初期過程の生成物（メチルラジカル）から結果

2.3 オレフィン製造プロセス

表 2.3 種々の原料から熱分解によって得られる典型的な生成物分布

熱分解収率 (wt%) \ 原料	エタン	プロパン	n-ブタン	i-ブタン	軽質ナフサ	フルレンジナフサ	灯油
水素	3.70	1.31	0.90	1.25	0.98	0.85	0.65
メタン	2.80	25.20	20.90	22.60	17.40	15.30	12.20
アセチレン	0.26	0.65	0.55	0.60	0.95	0.75	0.35
エチレン	50.50	38.90	37.30	10.70	32.30	29.80	25.00
エタン	40.00	3.70	4.50	0.60	3.95	3.75	3.70
MA/PD	0.03	0.60	0.80	3.00	1.25	1.15	0.75
プロピレン	0.80	11.50	16.40	21.20	15.00	14.30	14.50
プロパン	0.16	7.00	0.15	0.30	0.33	0.27	0.40
1,3-ブタジエン	0.85	3.55	3.85	2.15	4.75	4.90	4.40
ブチレン類	0.20	0.95	1.80	17.50	4.55	4.15	4.20
ブタン類	0.23	0.10	5.00	8.00	0.10	0.22	0.10
C_5 類	0.22	1.60	1.60	2.00	3.85	2.35	2.00
$C_6 \sim C_8$ 非芳香族類					2.02	2.05	1.55
ベンゼン	0.20	2.20	2.00	.3.06	5.60	6.00	6.20
トルエン	0.05	0.40	0.90	1.40	1.65	4.60	2.90
キシレン/エチルベンゼン			0.35	0.40	0.72	1.65	1.20
スチレン					0.65	0.85	0.70
C_9-200 ℃		1.00	1.30	3.25	0.65	3.10	3.10
燃料油		1.34	1.70	1.99	3.30	3.95	16.10
合計	100.00	100.00	100.00	100.00	100.00	100.00	100.00

MA/PD: メチルアセチレン / プロパジエン

的に得られる最終生成物（エチレン）をこの段階で予想するのは比較的難しい場合が多いことは，この例からもうかがうことができる．

　第 ii 段階：メチルラジカルによるエタンからの水素引き抜き

　第 i 段階で生成したメチルラジカルはエタンから水素を引き抜きメタンとなり，同時にエチルラジカルが生成する．

　第 iii 段階：エチルラジカルの β 開裂

　エチルラジカルのメチル基の炭素-水素結合はメチレン基の炭素-水素結合や炭素-炭素間の結合に比べ弱いので，容易に開裂しエチレンと水素原子が生成する．

　第 iv 段階：水素原子によるエタンからの水素引き抜き

　前段で生じた水素原子はエタンの水素原子を引き抜き，自身は水素分子となり安定化するが，エタンからはエチルラジカルが生じる．このエチルラジカルは前段と同様に β 開裂に伴い水素原子を放出し，エチレンが生成する．

$$C_2H_6 \rightarrow 2\,CH_3\cdot \qquad\qquad\text{(i)}$$

$$CH_3\cdot + C_2H_6 \rightarrow CH_4 + C_2H_5\cdot \qquad\qquad\text{(ii)}$$

$$C_2H_5\cdot \rightarrow C_2H_4 + H\cdot \qquad\qquad\text{(iii)}$$

$$H\cdot + C_2H_6 \rightarrow H_2 + C_2H_5\cdot \qquad\qquad\text{(iv)}$$

$$2\,CH_3\cdot \rightarrow C_2H_6 \qquad\qquad\text{(v-1)}$$

$$2\,H\cdot \rightarrow H_2 \qquad\qquad\text{(v-2)}$$

$$2\,C_2H_5\cdot \rightarrow C_4H_{10} \qquad\qquad\text{(v-3)}$$

$$2\,C_2H_5\cdot \rightarrow C_2H_4 + C_2H_6 \qquad\qquad\text{(v-4)}$$

$$H\cdot + CH_3\cdot \rightarrow CH_4 \qquad\qquad\text{(v-5)}$$

$$H\cdot + C_2H_5\cdot \rightarrow C_2H_4 + H_2 \qquad\qquad\text{(v-6)}$$

$$H\cdot + C_2H_5\cdot \rightarrow C_2H_6 \qquad\qquad\text{(v-7)}$$

$$H\cdot + C_2H_4 \rightarrow C_2H_5\cdot \qquad\qquad\text{(v-8)}$$

$$CH_3\cdot + C_2H_5\cdot \rightarrow CH_4 + C_2H_4 \qquad\qquad\text{(v-9)}$$

$$CH_3\cdot + C_2H_5\cdot \rightarrow C_3H_8 \qquad\qquad\text{(v-10)}$$

図 2.8 エタンの熱分解の経路

第 v 段階：各種ラジカルの再結合，不均化

第 i 〜 iv 段階の各過程で生じたラジカルの再結合反応または不均化反応によって各種の分子が形成される．

これらをまとめて図 2.8 にエタンの熱分解の経路を示した．第 iii および iv 段階がスムーズに進行し，ラジカル連鎖が形成されることによってエチレンの選択的な生成が起こる．

プロパン，ブタンおよびナフサなど炭素数の大きな炭化水素からも最終的にはエチレンが生成するが，これらの場合についても基本的には同様のメカニズムが考えられる．ただし，分子中の炭素鎖が長いので，第 iii 段階の β 開裂が炭素-水素結合ではなく，炭素-炭素結合において生じる．したがって，エタンとは異なり，この場合は第 iii 段階において少し小さなアルキルラジカルと 1-オレフィンが生成する．少し小さなアルキルラジカルは，1-オレフィンとさらに小さいアルキルラジカルに変換される．このとき生じた 1-オレフィンからエチレンあるいはプロピレンが得られる．

2.3.4 高温熱分解プロセス

パラフィンの熱分解反応の検討から，ナフサ分解によるオレフィンの生成には，①高温（750 〜 850 ℃），②短時間（0.1 〜 1 秒），③大量の熱（75 および 130 kJ/mol）が必要であることがわかった．

工業装置として必要とされる要件は次のようである．すなわち，原料を反応温

度まで急速に加熱し,大量の反応熱を供給しなければならない.また,反応生成物であるオレフィンは高温度では不安定であって,二次的な化学変化を起こしやすく,コークとよばれる炭素状の析出物を生じやすいので,これらの反応を制御する工夫,とくに急冷の方法が重要である.

原料炭化水素の急速加熱,分解手段としては,高温に加熱された熱媒体(たとえば水蒸気,コーク粒子,耐火れんがなど)を用いる.原料の一部を燃焼することによってその発熱を利用する方法や,火炎やアークなどのプラズマに原料を吹き込む方法なども開発されているが,ナフサを原料とする場合には管式熱分解炉による方式が一般的である.

原料ナフサは多量の水蒸気によって希釈され(スチーム/ナフサ比0.5),外部から加熱された特殊鋼製の反応管のなかで分解される.反応管は高温における炭素析出が抑制されるような耐浸炭性のすぐれた材質を必要とするため,タングステン,モリブデン,ニオブなどを添加した高クロム(23〜26%),高ニッケル(34〜46%)材を使用している.水蒸気を用いるのでスチームクラッカーともよばれるが,水蒸気は熱媒体として働き,また希釈剤としても作用するので二次的なオレフィン消失反応やコークの析出を抑制する.分解反応温度は750〜850℃,反応時間は0.1〜1秒であり,反応物は反応管の内部をほぼ音速で移動している.このような分解条件を実現するために,反応管の材料,形状,寸法,配列,加熱炉のバーナーなどに工夫がこらされている.すなわち,加熱面積比を高めるために反応管断面を楕円形にする,高温における反応管のたわみに配慮して垂直に管を配置し縦型炉上部で吊る,反応管径を細くし管長も短くすることによって滞在時間を短縮する,反応管内壁の切削加工あるいは押出鋼管の開発により耐浸炭性を向上させる,などである.

表2.4 ナフサ分解生成ガスの代表的な組成

成 分	組 成 (mol%)	沸 点 (℃)
H_2	11.0	−252.8
CH_4	28.0	−161.5
C_2H_4	25.8	−103.8
C_2H_6	8.6	−88.6
C_3H_6	15.4	−47.7
C_3H_8	1.6	−42.1
C_4H_8類	6.9	−11.7〜
C_5 以上	2.7	

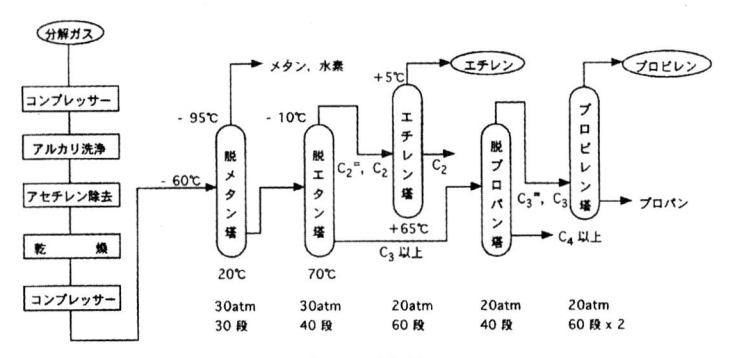

図 2.9 深冷分離（低温分留）法のフローシート

　分解炉を出た生成物は，まず，熱交換器によって急冷され，ついで，油さらに水により直接冷却を受け熱回収された後，予備蒸留塔で液状生成物が除去される．ガス状生成物については，その組成例を表 2.4 に示した．表には参考までに各成分の沸点も併せて記してある．このガス状生成物は図 2.9 に示すように，精製，乾燥された後，深冷分離（低温分留）工程を経て，高純度のエチレンやプロピレンが生産される．

2.3.5　オレフィンの用途

　エチレンやプロピレンなどのオレフィンは各種誘導品の製造原料として広く利

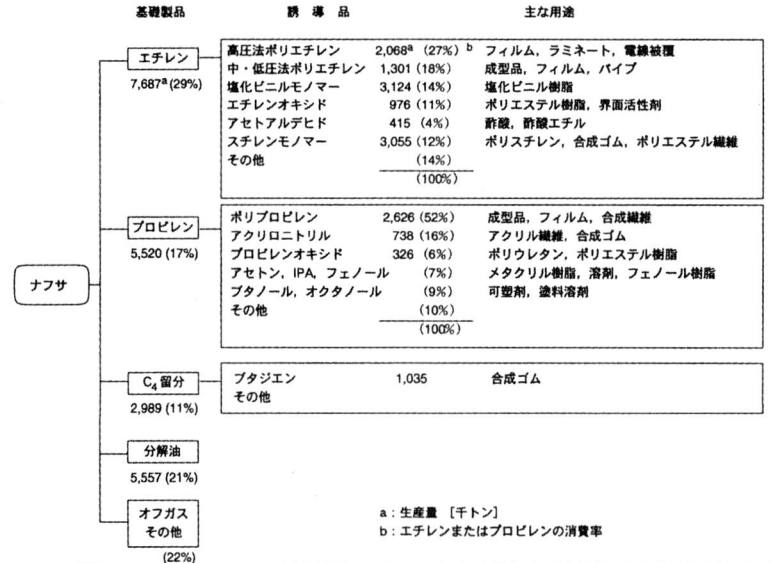

基礎製品	誘導品		主な用途
エチレン 7,687[a] (29%)	高圧法ポリエチレン	2,068[a] (27%)[b]	フィルム，ラミネート，電線被覆
	中・低圧法ポリエチレン	1,301 (18%)	成型品，フィルム，パイプ
	塩化ビニルモノマー	3,124 (14%)	塩化ビニル樹脂
	エチレンオキシド	976 (11%)	ポリエステル樹脂，界面活性剤
	アセトアルデヒド	415 (4%)	酢酸，酢酸エチル
	スチレンモノマー	3,055 (12%)	ポリスチレン，合成ゴム，ポリエステル繊維
	その他	(14%)	
		(100%)	
プロピレン 5,520 (17%)	ポリプロピレン	2,626 (52%)	成型品，フィルム，合成繊維
	アクリロニトリル	738 (16%)	アクリル繊維，合成ゴム
	プロピレンオキシド	326 (6%)	ポリウレタン，ポリエステル樹脂
	アセトン，IPA，フェノール	(7%)	メタクリル樹脂，溶剤，フェノール樹脂
	ブタノール，オクタノール	(9%)	可塑剤，塗料溶剤
	その他	(10%)	
		(100%)	
C₄留分 2,989 (11%)	ブタジエン	1,035	合成ゴム
	その他		
分解油 5,557 (21%)			
オフガス その他 (22%)			

a：生産量 [千トン]
b：エチレンまたはプロピレンの消費率

図 2.10　ナフサからオレフィン誘導体まで（1999 年度実績）（石油化学工業協会資料による）

用されている．図2.10にはナフサからオレフィン誘導品までの流れとオレフィン誘導品の主要用途を示した．

2.4 芳香族製造プロセス

ここではナフサから芳香族炭化水素を製造するプロセスについて学習しよう．このプロセスは，前述のオレフィン製造プロセスの場合と同じく，化学プロセスの中で最も上流側に位置するものの一つである．ナフサからベンゼン，トルエン，キシレンなどの石油化学基礎製品である芳香族炭化水素が製造される．また，芳香族炭化水素はオクタン価が高いことから高品質のモーターガソリンの基材としてすぐれているので，このプロセスは石油精製工業において広く実施されている．

2.4.1 接触改質

原料ナフサは100種類以上の炭化水素混合物である．また，接触改質反応も数多くの化学反応を含み複雑であるが，ここでは簡単化して示すことにしよう．

芳香族炭化水素は次の反応過程を経て生成される．

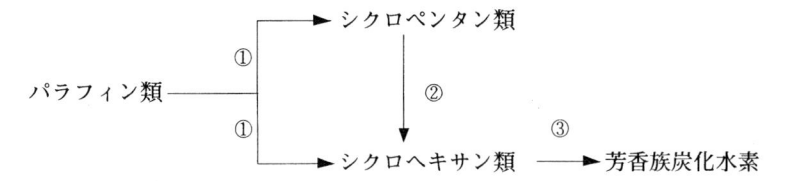

```
                    ┌──→ シクロペンタン類
                    │ ①         │
パラフィン類 ───────┤           │ ②
                    │ ①         ↓        ③
                    └──→ シクロヘキサン類 ──→ 芳香族炭化水素
```

------ コジェネレーションシステムとは ------

75％以上の高いエネルギー利用率，30％もの低い二酸化炭素排出量．石油を燃料としてディーゼルエンジンやガスタービンにより発電を行うと同時に，エンジンやタービンの冷却水や排熱を回収して給湯や冷暖房などにも利用するシステムで，電気と熱を同時につくり，エネルギーの利用効率を向上をめざしたシステムである．

これまでのように，電気と熱を別々に購入して利用する場合，そのエネルギー効率（利用可能エネルギー/投入エネルギー × 100％）は52％程度だが，これに対してコジェネレーションシステムは電気と熱を同時に供給するため，エネルギー効率が75％程度と高く，同量の利用可能エネルギーを得る場合には約30％もの燃料を使わずに済むので使用量を削減（省エネ）することが可能であるという特徴をもっている．このことは，地球温暖化の原因といわれている二酸化炭素の排出量を約30％減らすことにつながるので，コジェネレーションシステムはこれからの地球環境にやさしいシステムとして，普及が期待されている．

ここで，①は脱水素環化反応，②は異性化反応，③は脱水素反応である．このほかに，パラフィンの水素化分解，シクロパラフィンの水素化脱アルキルなどの反応も起こる．

ヘキサンをモデル化合物として用いた計算によると，接触改質反応が行われる 500 ℃の温度水準で，反応③の平衡定数は $K_\mathrm{p} = 6.3 \times 10^5$ であり，明らかに生成系に有利であるが，反応①および反応②の平衡定数はそれぞれ 1.3×10^{-1}, 8.6×10^{-2} であり，いずれも熱力学的には生成系に有利とはいえない．しかし，反応①と反応②の生成物であるシクロヘキサン類の脱水素反応③が生成系に大きく寄っていることから，反応①および反応②の進行の可能性，すなわち，パラフィン類とシクロペンタン類からの芳香族生成の可能性は残されている．ただし，それを実現するためには①から③の反応をすべて十分すみやかに進行することのできる触媒の活用が不可欠となる．

接触改質反応用触媒に関する数多くの研究により，優れた触媒が開発された．それは脱水素－水素化活性をおもな機能とする白金と，異性化活性をおもな機能とする固体酸とを組み合わせることによって，二つの機能がともに作用し合って（相乗効果）すぐれた触媒作用が発揮されるもので，二元機能触媒とよばれている．白金の微粒子をアルミナに担持した触媒が一般的である．

2.4.2 二元機能触媒の触媒作用

白金触媒と固体酸触媒を機械的に混合しメチルシクロペンタンの改質反応を行った結果を表 2.5 に示す．このデータから，シクロオレフィンは白金の触媒作用によって生じること，異性化は酸性点上でのオレフィンの反応によること，ベンゼンは白金と酸性成分との協力的な働きにより生成することは明らかである．代表的な二元機能触媒であるアルミナ担持白金触媒は，アルミナ上の酸性点と担体

表 2.5 メチルシクロペンタンの改質反応

触 媒	液状生成物（mol%）		
	シクロヘキサン	シクロヘキセン	シクロヘキサジエン
$SiO_2 \cdot Al_2O_3$	98	0	0
Pt/SiO_2	62	20	18
$SiO_2 \cdot Al_2O_3$ + Pt/SiO_2	65	14	10

反応条件：500 ℃, $p_\mathrm{H2} = 0.8$, $p_\mathrm{MCP} = 0.2$ atm（P. B. Weisz (1961) による）

上の白金微粒子とが近接して存在するため,これら2種類の活性点間における分子の拡散・移動が比較的容易に進行する.そのため,固体酸と白金の異なる二つの機能の相乗効果が発現される.

2.4.3 接触改質プロセス

接触改質の工業装置は,触媒の再生をどのように行うかによって,半再生式,サイクリック再生式および連続再生式の3種類に分けられる.ここでは,最も一般的な半再生式について述べることにしよう.

半再生式接触改質法のフローシートを図2.11に示す.この例では3基の固定床触媒反応器が直列に配置されており,それぞれの反応器の大きさは異なる.たとえば各反応器の触媒充填量は,全体を100とするとき,第1反応器から順に15:35:50のように分配されている.一般的な反応条件は温度470〜540℃,圧力7〜35 atm,液空間速度(通油速度を,触媒体積あたり,1時間あたりに供給する原料油の体積で表した値)0.2〜5/h,水素対ナフサのモル比2〜10とされている.

原料ナフサは,水素化精製によって触媒毒となる硫黄,窒素などの有機化合物が除去された後,加熱炉で所定の温度(たとえば500℃)に加熱されて第1反応器に入る.

第1反応器で行われる反応は,反応③が中心である.この反応の速度が最も大きいからである.また,反応②の一部とそれに続く反応③も起こる.反応熱(吸熱)も大きい.その結果,第1反応器出口の反応気体の温度は大きく低下する

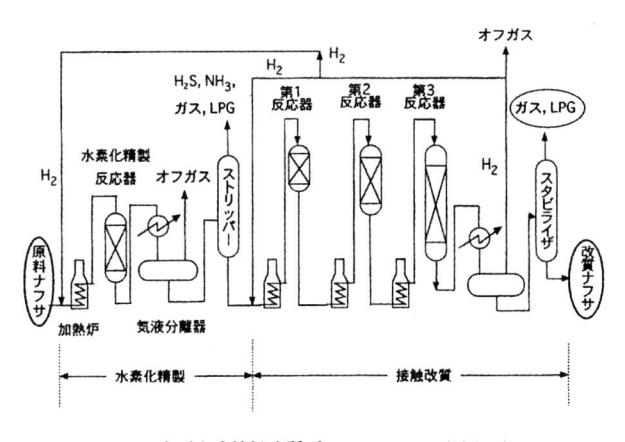

図2.11 半再生式接触改質プロセスフローダイヤグラム

(たとえば400℃)ので,中間加熱炉で反応気体を再加熱し,第2反応器へ送る.第2反応器では,反応②と反応①の一部,およびそれらに続く反応③が起こる.第2反応器出口の反応気体は470℃くらいに低下するので,再加熱のうえ第3反応器に送る.第3反応器では,反応①のほかに,水素化分解反応(発熱反応)が行われるので,温度低下は少ない.

第3反応器を出た反応気体は,熱交換器,高圧気液分離器およびスタビライザーを経て改質油となる.改質油の品質,性状は原料ナフサの組成や反応条件にもよるが,芳香族含有率はおよそ50～75%である.原料ナフサと改質油の分析例を表2.6に示す.芳香族含有率は14%から60%へと増大している.

なお,触媒は使用時間とともにしだいにその活性を失うが,その原因は触媒表面への炭素質の析出などによるものである.半再生式接触改質法では,触媒の活性が徐々に低下するに従って反応温度を上げていき,触媒の活性が限界に達したときに(通常1～2年)運転を中断して,触媒の再生または交換を行っている.

近年,アルミナ担持白金触媒よりすぐれた性能をもつ,いわゆるバイメタル触媒が開発され利用されている.白金-レニウム/アルミナ触媒はその代表的な触媒である.金属成分であるレニウム自身は,改質反応に対する活性をほとんど示さないが,白金と共存すると,とくに部分的に硫黄で硫化されたときに,その能力を発揮する.すなわち,レニウムと硫黄の相互作用によって触媒表面上への炭素質の析出が効果的に抑制される.レニウムと結合した硫黄は,白金上に吸着した炭化水素のフラグメントがコーク前駆体へ再構築されるのを阻害する役割をはた

表2.6 原料ナフサと接触改質油の分析例

留分	原料ナフサ	接触改質油
蒸留性状 (10～90%点) (℃)	102～146.5	66.5～156
芳香族炭化水素濃度 (wt%)	14.0	60.1
芳香族組成 (wt%)		
ベンゼン	2.0	5.4
トルエン	24.7	28.9
o-キシレン	9.5	7.6
m-キシレン	18.1	16.1
p-キシレン	7.2	7.5
エチルベンゼン	8.5	6.5
C_9芳香族	26.8	23.3
C_{10}芳香族	3.2	4.7

すと考えられている．このため炭素析出による活性低下が抑えられ，白金-レニウム/アルミナ触媒は長期間にわたって安定な活性を示す．

2.4.4 芳香族炭化水素の分離

接触改質油中に含まれる芳香族炭化水素を回収分離する方法はこれまで種々考案されている．蒸留，吸着，溶媒抽出，晶析などは気体-液体-固体のうちの2相間の平衡関係に基づく代表的な分離法である．このうち，溶媒抽出法以外の分離法は，芳香族成分を個別の成分に分離する際に有効である．たとえば，精密蒸留によってベンゼン，トルエンおよびキシレン異性体混合物が分離される．また，ゼオライト系の吸着剤を用いる液相吸着分離法や，$-70\,\text{℃}$前後の低温における結晶化（晶析）法によってキシレン異性体混合物からp-キシレンを選択的に回収することができる．これに対して，溶媒抽出法は非芳香族成分と芳香族成分とを効率よく分離することに特徴がある．このため，改質油中の芳香族炭化水素の分離の第一段階には，通常，溶媒抽出が用いられている．抽出溶媒としてエチレングリコール，テトラメチレンスルホン，N-メチルピロリドンなどが用いられる．エチレングリコールに比べ，テトラメチレンスルホンおよびN-メチルピロリドンは芳香族の溶解度，選択率のいずれも大きく，溶剤使用量が少ないときにも芳香族回収率は高く，常温，常圧で操作されるなど有利な点が多いため，普及している．芳香族回収率は非常に高く，ベンゼン，トルエン，C_8芳香族の場合はそれぞれ99.9 wt％以上，99.0 wt％以上および95.0 wt％以上である．

芳香族炭化水素混合物からのベンゼン，トルエン，混合キシレンの分離は，前述のように蒸留によって行われる．製品純度は高く，ベンゼンの場合は99.99 wt％以上である．表2.7には芳香族炭化水素の沸点とキシレン異性体の融

表2.7 芳香族炭化水素の沸点とキシレン異性体の融点

芳香族炭化水素	沸点（℃）	融点（℃）
ベンゼン	80.100	
トルエン	110.625	
エチルベンゼン	136.186	-94.957
p-キシレン	138.651	13.263
m-キシレン	139.103	-47.872
o-キシレン	144.411	-25.182
クメン	152.392	
プロピルベンゼン	159.127	

点を示した．

キシレン異性体の分離において，o-キシレンは精密蒸留により，エチルベンゼンは超精密蒸留により，p-キシレンは結晶化あるいは液相吸着によりそれぞれ分離される．改質油からベンゼン，トルエンおよびキシレン異性体が分離されるプロセスを簡略化して図2.12に示した．

2.4.5 芳香族炭化水素の相互変換（脱アルキル化，不均化，異性化）

このように製造されたベンゼン，トルエンおよびキシレンの割合やキシレン異性体の比率などは，必ずしも需要量やその割合とは一致しない．この不均衡を是正し解決する手段として，脱アルキル化，不均化，異性化などの相互変換プロセスがある．これらの反応例を次に示し，以下にこれらの概要を述べよう．

脱アルキル化： トルエン＋水素 ⟶ ベンゼン＋メタン

不　均　化： 2トルエン ⇌ ベンゼン＋キシレン

異　性　化： o-キシレン ⇌ m-キシレン ⇌ p-キシレン

a. 脱アルキル化　　トルエンの水素化分解によるベンゼンとメタンへの脱メチル反応は，発熱反応（$\varDelta H = -12 \text{ kcal/mol}$）であるが，反応速度を考慮して730℃程度の高温で行われる．この反応の速度の詳細は次のように明らかにされている．

反応速度　　$r = k[\text{C}_6\text{H}_5\text{CH}_3][\text{H}_2]^{0.5}$　　$[\text{mol}/l\text{s}]$

速度定数　　$k = 1.7 \times 10^{12} \exp(-58000/RT)$　　$[l^{0.5}/\text{mol}^{0.5}\text{s}]$

すなわち，水素分圧が高いほど，また，トルエン/水素の割合が一定のときには全圧が高いほど，反応速度は大きい．

この反応機構は，次に示すように，原子状水素を連鎖担体(chain carrier)とす

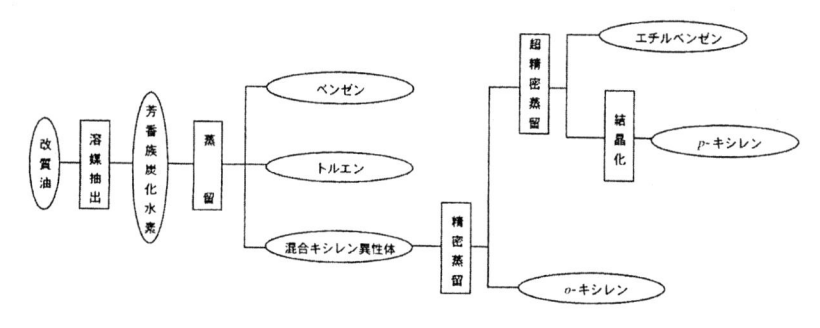

図2.12　芳香族炭化水素の分離プロセスの一例（改質油からベンゼン，トルエンおよびキシレン異性体の分離）

る遊離基連鎖反応によって特徴づけられる．すなわち，

$$C_6H_5CH_3 \rightleftarrows C_6H_5CH_2\cdot + H\cdot \quad (1)$$
$$H\cdot + C_6H_5CH_3 \rightleftarrows H_2 + C_6H_5CH_2\cdot \quad (2)$$
$$H\cdot + C_6H_5CH_3 \longrightarrow C_6H_6 + CH_3\cdot \quad (3)$$
$$CH_3\cdot + H_2 \rightleftarrows CH_4 + H\cdot \quad (4)$$
$$CH_3\cdot + C_6H_5CH_3 \rightleftarrows CH_4 + C_6H_5CH_2\cdot \quad (5)$$

これらのうち重要なのは (3) の素過程であり，水素原子によるメチル基の置換反応である．水素原子はメチル基の結合している環炭素を親電子的に攻撃し，形成された付加錯合体からメチル基が脱離する．この水素化脱メチル基反応はキシレン，ポリメチルベンゼン類およびメチルナフタレン類についても進むことが明らかにされている．

b. 不均化 この反応は2モルのトルエンからベンゼンとキシレン混合物がそれぞれ1モル得られるので，トルエンの有効利用の観点から重要である．平衡転化率は48％であり，反応温度にほとんど依存しない．シリカ-アルミナ，モルデナイト系およびZSM-5ゼオライト系の固体酸触媒を用いて，水素共存下において反応は行われるが，触媒の失活に配慮して転化率は40％程度に抑えられている．また，トルエンの不均化に加えて，生成物中のキシレン類と原料トルエンとの間にトランスアルキル化反応が併発し，ベンゼンとトリメチルベンゼン類が副生する．このため，トリメチルベンゼン類を分離し，原料トルエンとともに再循環することによってキシレン類を収率よく得るなどの工夫が必要とされる．代表的な不均化プロセスであるタトレイ法において，原料トルエン1000原料単位に対し，ベンゼン414，キシレン類561が得られる．また，このときのキシレン類の異性体比は次のようである．

$$o\text{-キシレン}/m\text{-キシレン}/p\text{-キシレン}：22/55/23$$

c. 異性化 前述のように，トルエンの不均化プロセスから得られるm-キシレンの割合は他の異性体に比べ高いにもかかわらず，合成的用途が少ないので，これをo-，p-キシレンに変換する異性化は重要である．

キシレンの異性化には酸性触媒が用いられている．シリカ-アルミナ系触媒を用いる（XIS法）場合の特徴は，p-キシレンの深冷分離とその後のシリカ-アルミナ触媒による異性化を組み合わせた点にある．p-キシレンの収率，純度はそれぞれ85％，99.5％である．反応温度は450～500℃であり，炭素質析出によ

る触媒活性の低下を伴う．また，シリカ-アルミナ触媒の特質上，エチルベンゼンのキシレン類への異性化は困難である．しかし，ZSM-5を触媒として用いることにより，エチルベンゼンは不均化除去され，形状選択性に基づく異性化が促進されるなど問題点は解決されつつある．

白金/アルミナ系触媒を用いる（Isomar法，Isolane法）場合，キシレン留分中のエチルベンゼンをキシレンに異性化する能力があること，ゼオライト系の吸着剤による p-キシレンの選択的液相分離を用いる（p-キシレン収率～100%）ので，深冷分離の際の低温を必要としないなどの特徴を有する．

HF-BF_3を用いる方法（MGC法）はHF-BF_3の特異な性質を利用している．すなわち，HF-BF_3の強い酸性質を利用して比較的低温でm-キシレンからo-，p-キシレンへ異性化すると同時に，m-キシレンとHF-BF_3の錯形成反応を利用して混合物からm-体を分離するものである．

2.4.6　芳香族炭化水素の用途

ベンゼン，トルエン，キシレンなどの芳香族炭化水素は各種誘導品の製造原料や溶剤として広く使用されている．わが国の芳香族需要を図2.13に示した．

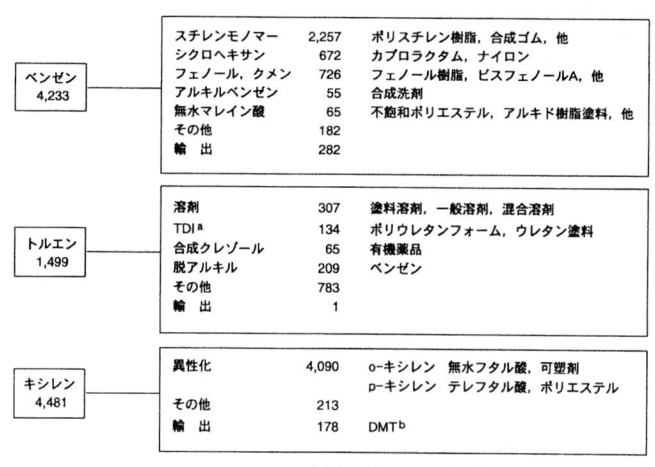

ベンゼン 4,233	スチレンモノマー	2,257	ポリスチレン樹脂，合成ゴム，他
	シクロヘキサン	672	カプロラクタム，ナイロン
	フェノール，クメン	726	フェノール樹脂，ビスフェノールA，他
	アルキルベンゼン	55	合成洗剤
	無水マレイン酸	65	不飽和ポリエステル，アルキド樹脂塗料，他
	その他	182	
	輸出	282	

トルエン 1,499	溶剤	307	塗料溶剤，一般溶剤，混合溶剤
	TDI[a]	134	ポリウレタンフォーム，ウレタン塗料
	合成クレゾール	65	有機薬品
	脱アルキル	209	ベンゼン
	その他	783	
	輸出	1	

キシレン 4,481	異性化	4,090	o-キシレン　無水フタル酸，可塑剤 p-キシレン　テレフタル酸，ポリエステル
	その他	213	
	輸出	178	DMT[b]

a：toluylene diisocyanate, b：dimethylterephthalate

図2.13　国内の芳香族の需要とその内訳
（単位：千トン，化学工業年鑑（1999）などによる）

3

石炭資源化学

3.1 石炭資源の特徴

 石炭（coal）は，地球上に繁茂した植物が堆積し地殻に深く埋もれ，数千万年から数億年の長い間，熱や圧力の影響を受けて変化したものである．つまり，「太陽からの贈り物」といえる．2億9000万年前から3億6000万年前の地層の植物化石には，石炭が最も多くみられることから，この年代を地質学的に石炭紀とよぶ．欧米の石炭がこの時期に繁殖した巨大なシダ類植物をおもに根源としているのに対して，わが国の石炭の年代はこれより1桁若く，数千万年前の針葉樹や広葉樹が堆積したものである．図3.1に石炭の一部分の顕微鏡写真を示すが，見事な木質繊維組織が観察され，石炭が植物由来の化石であることを証明している．

 植物が石炭に変化する過程では砂や泥に覆われるため，石炭中にはさまざまな

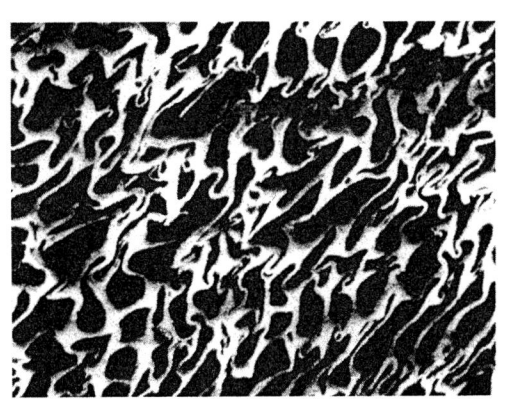

図3.1 石炭中の木質繊維組織の顕微鏡写真（西岡邦彦：太陽の化石"石炭"，アグネ叢書2，アグネ技術センター，1990）

鉱物質（mineral matter）が含まれる．また，石炭の外観は，茶褐色の土壌のようなものから，黒いダイヤといわれた時代があったように黒光りをする大きな塊まで，多様である．さらに，1粒の石炭粒子のなかでも，図3.1に示した木質繊維，種子や花粉に由来する部分，石英や黄鉄鉱のような鉱物などが混在しており，きわめて不均質である．

図3.2に石炭の地域別の確認埋蔵量（1998年）を示す．石油が中東地域に偏在しているのとは対照的に，石炭はアジア・オセアニア，北アメリカ，旧ソ連邦，ヨーロッパに広く分布している．埋蔵量の合計は9840億トンで，その1/4は北アメリカに存在する．世界の石炭生産量は年間約45億トンであり，埋蔵量を生産量で割った可採年数，つまり石炭の寿命は現時点では約220年になる．これは石油の約40年，天然ガスの約60年に比べて著しく長い．

石油，石炭，天然ガスは，いずれも炭素（C）と水素（H）を主成分とする炭化水素系資源であるが，これらの元素の原子比（H/C）は資源の種類により異なる．石油，石炭，天然ガスのH/Cの範囲は，おおまかにはそれぞれ1.5～1.9，0.4～1，3～4である．つまり，石炭はH/Cの最も小さい資源であるが，これは多量の酸素が含まれることに基づく．

以上のことから，石炭資源は，①有機物と無機物の混合物から成る不均質な固体であり，②埋蔵量は偏在せずに豊富で可採年数が長く，③H/C比は小さく多くの酸素を含む，と特徴づけられる．これらの点は，石炭の本質を理解する上で大切であり，また天然ガスや石油と比較して，石炭の採掘，輸送，貯蔵，利用を考えるときにも重要となる．

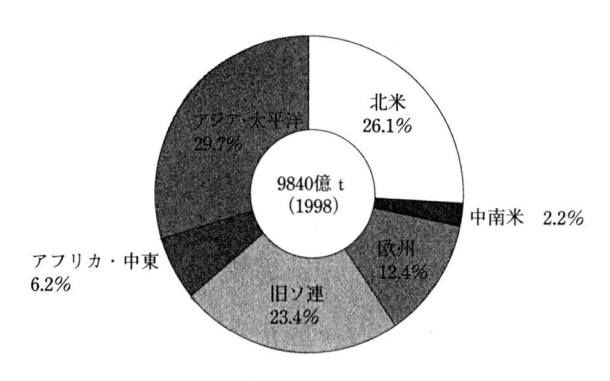

図3.2　石炭の地域別確認埋蔵量

3.2 石炭の性質と化学構造

3.2.1 石炭の組成とおもな性状

a. 工業分析値 工業分析（proximate analysis）では，石炭を水分（moisture），灰分（ash），揮発分（volatile matter），固定炭素（fixed carbon）に分けて，それぞれの割合を質量百分率（mass %）で表す．これらの値は石炭の性状を比較する上で大変有用である．工業分析の方法は国によって若干異なるが，日本工業規格（JIS）では，空気中室温で乾燥した試料（気乾試料）を用いて水分，灰分，揮発分を定量し，100％よりこれらの合計を差し引いて固定炭素を求める．

揮発分は，石炭を熱分解（3.4.1項参照）したときに発生するガス，油分，タールなどの総称で，油分やタール中には付加価値の高い芳香族炭化水素や複素環化合物が含まれる．灰分は工業分析では燃焼残査と定義されるが，ガス化や液化後の残査でもあり，石炭中にもともと存在するケイ酸塩，酸化物，炭酸塩，硫化物などの鉱物質に由来する．灰分量は石炭の種類により大きく異なるが，大部分は5～30 mass %の範囲にある．その主要元素はAlとSiで，これらにNa, Mg, K, Ca, Fe, P, Ti, V, Mnを加えて，灰分の元素組成を求める．石炭を利用した後の灰の処理や資源化は，環境問題とも関連して大切である．固定炭素は石炭の熱分解後に生成する炭素質物質の主成分で，その利用に関しては3.4節のコークス製造，燃焼，ガス化の項を参照されたい．固定炭素と揮発分の比を燃料比とよび，この値が石炭の分類（3.2.2項）に用いられることもある．

b. 元素組成 一般的な元素分析（elemental analysis）では，炭素（carbon），水素（hydrogen），窒素（nitrogen），硫黄（sulfur），酸素（oxygen）の5元素を，石炭中の水分と灰分を除いた無水無灰基準（dry ash-free; dafと略）のmass %で表示する．実際の分析では，石炭を高温で燃焼して酸素を除く4元素を定量した後，酸素を計算で求める方法がよく用いられる．

石炭中の主要元素は炭素で，その量は石炭の種類によって大きく異なり，おおよそ60～95 mass % (daf) の範囲にある．ついで酸素が5～30 mass % (daf)，水素が4～5 mass % (daf) である．H/C比は燃料比と密接に関係しており，石炭の性状や化学構造を知る上で重要である．酸素はエーテル基，カルボキシル基，水酸基，カルボニル基などの含酸素官能基から成り，熱分解（3.4.1項）時

の活性サイトとなる．窒素量は通常 1 ～ 2 mass %で，そのほとんどが有機化合物として存在する．硫黄は植物に由来する有機硫黄（硫黄を含む有機化合物）と黄鉄鉱（FeS_2）を主成分とする無機硫黄に分類され，両者を全硫黄（total sulfur）とよぶ．その量は世界の主要な石炭では 0.2 ～ 7 mass %であるが，国際貿易では 1 mass %以内の低硫黄炭がおもに取り引きされる．窒素や硫黄は環境汚染の原因となるため，さまざまな除去対策が講じられている（3.5 節）．

c. 粘結性 粘結（caking）とは，石炭を加熱したときに軟化溶融して粒子どうしが結合する現象を意味し，コークス（3.4.1 項）を製造する上で非常に重要な性質である．軟化溶融の過程では，発生したガスによって石炭が膨張する．膨張性（swelling property）と粘結性は密接に関連するので，簡便には前者を測定して後者の指標とする．どのような石炭でもこのような性質を示すのではなく，炭素量が 80 ～ 90 mass %（daf）の範囲のものに限られ，粘結炭（caking coal）とよばれる．この種の石炭を空気中に放置しておくと，自然酸化（風化）により粘結性を失う．

3.2.2 石炭の分類

石炭の分類法は国によって異なり，その基準は揮発分，燃料比，炭素と水素の量や比，発熱量などが，単独または組み合わせて使用される．表 3.1 に示すように，わが国の JIS 規格では発熱量を用いて，褐炭（brown coal），亜瀝青炭（subbituminous coal），瀝青炭（bituminous coal），無煙炭（anthracite）に分類する．ただし，分類法の基準が異なるため，わが国のよび名が他の国では必ずしも通用しない．表 3.1 には，燃料比や粘結性も載せたが，燃料比は瀝青炭と無煙炭を分けるのに使われ，粘結性は亜瀝青炭の一部と瀝青炭にのみ観察される特異な現象であることが理解される．瀝青炭のなかでも，強粘結炭がコークス製造

表 3.1 わが国における石炭の分類

分類	発熱量* (kJ/kg)	燃料比	粘結性	炭素含有量 (mass%(daf))
無煙炭		≧ 4.0	非粘結	≧ 90
瀝青炭	≧ 35160		強粘結	83 ～ 90
	33910 ～ 35160		粘結	
亜瀝青炭	32650 ～ 33910		弱粘結	78 ～ 83
	30560 ～ 32650		非粘結	
褐炭	24280 ～ 30560		非粘結	70 ～ 78

*：無水無灰基準

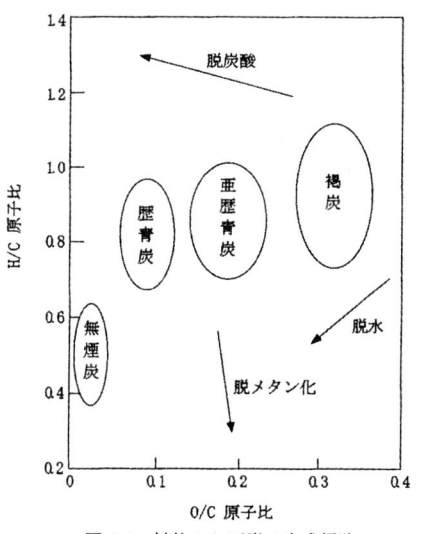

図3.3 植物から石炭の生成経路

の主原料となる．

わが国では，炭素量により石炭を分類する簡易法が普及しているので，この点も表3.1に示した．炭素量は褐炭から無煙炭にいくに従い増加するが，一方，酸素量はこの逆の傾向を示す．炭素量のことを簡便に炭化度（coal rank）とよび，おおまかには，褐炭と亜瀝青炭を低炭化度炭，瀝青炭と無煙炭を高炭化度炭と称する．

このように分類される石炭は，どのような経路をたどって生成したのであろうか．これは，石炭中のH/C比とO/C比の関係を調べるとわかる．図3.3はコールバンドとよばれ，植物である木材から最も石炭化が進んだ無煙炭までの経路を表す．第一段階ではおもに脱水（$-H_2O$）反応によりH/CとO/Cが減少し，木材が泥炭（褐炭より，石炭化度の低いもの），褐炭に変化する．次の過程では脱炭酸（$-CO_2$）反応が支配的となり，O/Cのみが低下して亜瀝青炭，瀝青炭が生成し，最終段階では脱メタン（$-CH_4$）反応が進んで，無煙炭となる．

3.2.3 石炭の化学構造

石炭がどのような化学構造をとっているかについては，これまで非常に多くの研究者によって議論され，さまざまなモデルが提案されている．とくに近年，石炭中の炭素の結合様式が，固体 ^{13}C-NMR（核磁気共鳴）により直接分析できるようになり，さらに瀝青炭の大部分を室温で溶解できるマジックソルベント（溶

図 3.4 ドイツ産褐炭の化学構造モデル (K. J. Huttinger and A. T. Michende : *Fuel*, **66**, 1165, 1987)

媒)が発見されたことによって,構造解析の研究が急速に進歩した.また,コンピューターの演算能力の飛躍的な向上に伴い,統計的手法やシミュレーションに基づく研究も行われるようになった.しかし,石炭の化学構造が十分解明されたわけではない.ここでは,石炭の利用と化学(3.4 節)を考える上で重要と思われる点に着目して述べる.

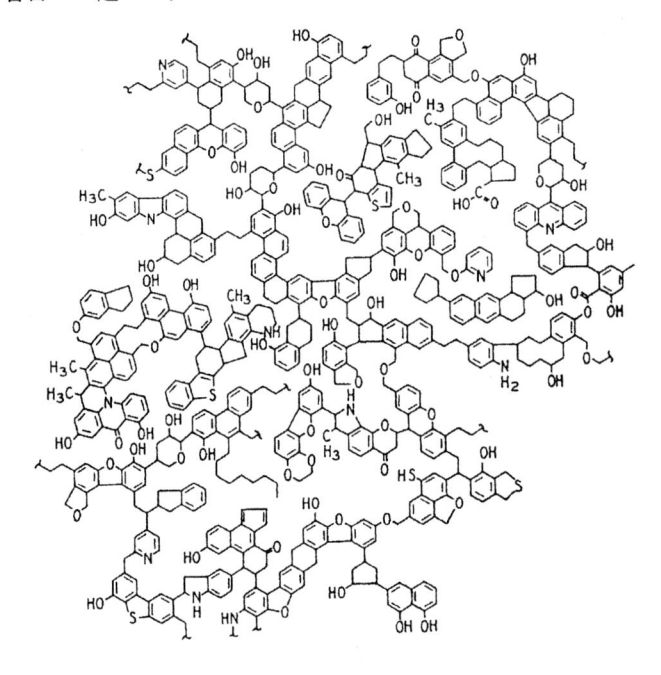

図 3.5 アメリカ産歴青炭の化学構造モデル (J. H. Shinn : *Fuel*, **63**, 1190, 1984)

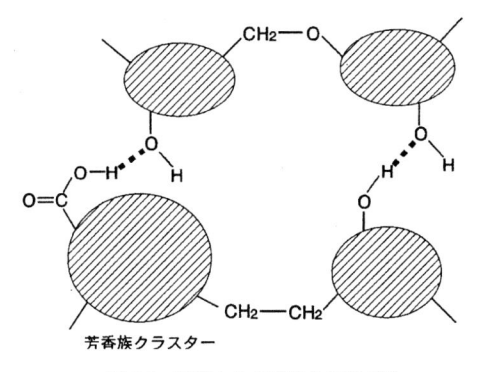

図 **3.6** 石炭中の水素結合の模式図

図3.4と図3.5は，それぞれ褐炭と瀝青炭の化学構造モデルとして提案されている一例を示す．図3.4は，ドイツ産の代表的な褐炭であるライン (Rhein) 炭のモデルであり，元素組成 ($C_{270}H_{240}N_3S_1O_{90}$)，含酸素官能基量，熱分解実験結果に基づいて作成された．数個のベンゼン環にシクロヘキサン環や複素環が縮合した芳香族クラスターが，メチレン基 ($-CH_2-$) やエーテル基 ($-O-$) などの共有結合でつながれて (架橋) 高分子を形成し，芳香族クラスターの側鎖には，アルキル基や含酸素官能基が結合している．この構造モデルの一つの特徴は，鉱物質中のアルカリ金属 (Na, K)，アルカリ土類金属 (Mg, Ca)，遷移金属 (Fe) の結合形態を示している点にある．いずれの金属イオンも，COOH基やフェノール性OH基のプロトンとイオン交換し，COO^-Na^+, O^-K^+, $(COO)_2^-Ca^{2+}$ (図には電荷を表示していない) などの形で存在している．後述するように，このような金属イオンは石炭のガス化において触媒作用を示す．

図3.5は，アメリカの代表的な瀝青炭であるイリノイ (Illinois No.6) 炭のモデルである．元素組成は $C_{661}H_{561}N_{11}S_6O_{74}$ で，酸素，窒素，硫黄を含む官能基ならびに脂肪族の構造や量は，いくつかの異なる分析法や化学反応を用いて推定された．図3.4と同じように，メチレン基やエーテル基などが架橋点となって芳香族クラスターどうしが結合しているが，褐炭のモデルに比べてクラスター中のベンゼン環や複素環の縮合度は大きいが，一方，含酸素官能基の割合は小さく，側鎖のアルキル基も短い．図3.5には鉱物質中の金属イオンは図示していないが，その一部はイオン交換状態で存在するものの，多くは炭酸塩や硫酸塩として含まれる．

図3.4と図3.5には,大部分が共有結合のみからなる構造モデルを示したが,実際には非共有結合も存在する.代表的な例が図3.6に示した水素結合であり,芳香族クラスター中のフェノール性OH基やCOOH基の間に形成される.図3.4と図3.5の比較から明らかなように,石炭中の水素結合は,酸素含有量の多い褐炭や亜瀝青炭で重要である.その他の非共有結合としては,ベンゼン環どうしのπ電子-π電子相互作用,電子供与基と電子受容基間の電荷移動,電気的に中性な分子間に働くファンデルワールス力が考えられている.このような結合は,その力が共有結合よりはるかに弱いので,低い温度で容易に解放される.近年,非共有結合による分子間相互作用に基づいて,石炭が3次元的なネットワーク構造を形成しているという考え方が提案されている.

3.3 石炭の消費量と用途

エネルギー源は石油,石炭,天然ガス,原子力,水力に大別される.図3.7に,世界の一次エネルギー消費量(1998年)におけるこれらの割合を示す.石炭,天然ガス,原子力,水力の消費量は,比較を容易にするため,石油に換算して表示してある.1998年のエネルギー消費量の合計は石油換算にして約85億トンで,その序列は以下のとおりである(括弧内の単位は%).

石油(40) > 石炭(26) > 天然ガス(24) > 原子力(7.4) > 水力(2.7)

つまり,石油,石炭,天然ガスの化石エネルギーが全体の90%を占める.これに対して,日本では,5億トンのエネルギーを使用し,その中味は,

石油(51) > 石炭(18) > 原子力(17) > 天然ガス(13) > 水力(1.9)

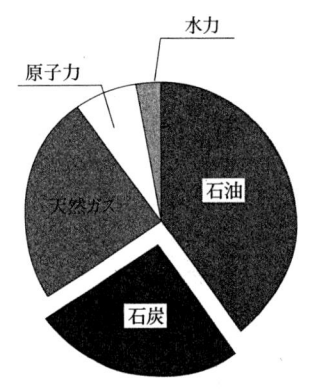

図3.7 世界の一次エネルギーの消費量　　図3.8 国別の石炭消費量

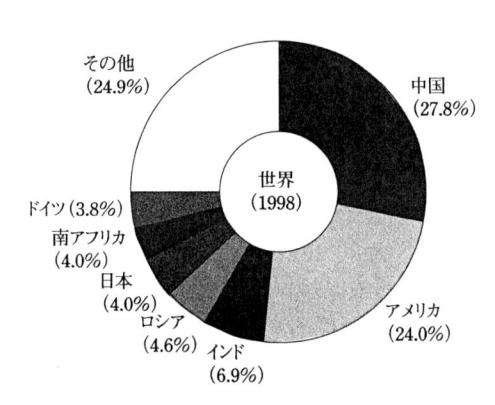

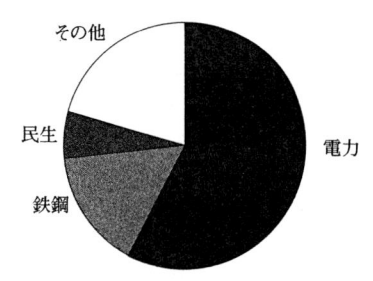

図 3.9 世界で消費される石炭の用途

となり，世界に比べて，石油と原子力の割合が高いのが特徴である．

図 3.8 は，石油換算で表示した石炭消費量の国別の割合を表す．中国が世界最大の消費国で，アメリカがこれにつぎ，両者の合計は世界の半分に相当する．わが国はインド，ロシアについで 5 番目である．地域別では，アジアだけで世界の約 45 ％を消費している．アジアについてここ 10 年間（1989 ～ 1998 年）の推移をみると，中国，インド，日本の石炭消費量はそれぞれ 1.2, 1.5, 1.2 倍に増加し，アジア全体でも 1.2 倍となり，今後もこの傾向が続くと予想されている．対照的にヨーロッパ全体では，10 年間で約 70 ％に減少した．石炭を貿易の観点からみると，わが国は世界最大の輸入国であり，1998 年には 1 億 3200 万トンの石炭を輸入し，その半分以上はオーストラリアに依存している．1998 年のわが国の石炭生産量は約 400 万トンで，これは輸入量の 3 ％にすぎない．

図 3.9 は石炭の用途を示したもので，世界の消費量の約 60 ％が発電用燃料に使用されている．鉄鋼業の約 16 ％，家庭用燃料の約 5 ％がこれについでおり，その他ではセメント工業が大きな割合を占める．鉄鋼業では製鉄用コークスの原料としておもに用いられている．わが国では発電と鉄鋼が石炭の二大用途であり，両者の合計は消費量の約 80 ％に達する．

3.4 石炭の利用と化学

3.4.1 熱分解

熱分解（pyrolysis）は，石炭を利用する大部分のプロセスにおいて，その第一段階として必ず起こる．したがって，この過程を理解することは大切である．熱分解が進行するときには，石炭中に含まれる揮発分が放出されるので，脱揮発分過程（devolatilization）ともよばれる．

a. 熱分解反応 表 3.2 は，石炭を加熱したときに起こる物理化学的変化の

3. 石炭資源化学

表3.2 石炭の熱分解過程における物理化学的変化（前 一広：日本エネルギー学会誌，75，168，1996）

温度（℃）	物理的変化	化学的変化
100	物理吸着水の脱離	
200	ファンデルワールス力、水素結合などの非共有結合の解放	
300		COOH基の分解（→CO_2）
400	軟化溶融（粘結炭）	フェノール性OH基の分解 CHO基、CO基の分解 （→H_2O、CO）	架橋形成反応 -O-縮合環の形成
500		架橋部の共有結合の開裂 （→タール、H_2、CH_4、CO） エーテル基の分解 メチレン基の分解	-CH_2-縮合環の形成
600			
700		ヒドロ芳香族縮合環の脱水素 （→H_2）	重縮合反応 芳香族環の拡大 縮合環の発達 3次元結合の生成

概略を表す．まず，物理的に吸着した水が脱離し，つぎに水素結合やファンデルワールス力などによる非共有結合が200℃前後で解放される．この温度域では芳香族クラスターの側鎖に結合しているCOOH基の分解も始まり，CO_2が発生する．引き続いて，フェノール性OH基やその他の含酸素官能基が分解する．このような反応は，含酸素官能基に結合している金属イオンに影響される．また，褐炭や亜歴青炭では多くの場合，COOH基やフェノール性OH基は水素結合しているので，これらの分解に伴い，クラスター間に架橋が形成される．その様子を模式的に示したのが図3.10である．400℃ぐらいになると，粘結炭では軟化溶融により粒子どうしの合体が始まる．この温度付近から，芳香族クラスターの架橋

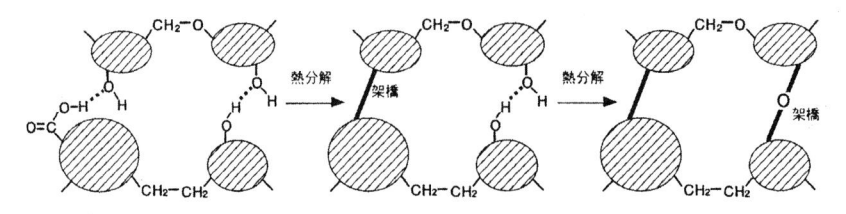

図3.10 熱分解に伴う水素結合間の架橋形成の模式図

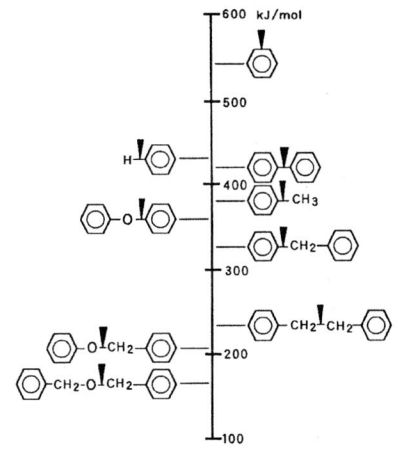

図 3.11 共有結合の解離エネルギー

点となっている共有結合の切断が進行する．この反応は結合解離エネルギーの小さな部分から起こるので，図3.11に示すように，エーテル基のC-O結合やメチレン基のC-C結合がまず開裂してラジカルが発生する．

$$-CH_2-O-CH_2- \longrightarrow -CH_2-O\cdot +-CH_2\cdot \quad (3.1)$$

$$-CH_2-CH_2- \longrightarrow -CH_2\cdot +-CH_2\cdot \quad (3.2)$$

これらは，ジエチルエーテル（$(C_2H_5)_2O$）やn-ブタン（C_4H_{10}）といった単純な化合物から得られるラジカルとは異なり，芳香族クラスターの一部の結合に不対電子が存在しているので，熱分解フラグメントとよばれる．さらに高温になると，結合解離エネルギーの大きな共有結合も切断され，多種多様なフラグメントが発生する．ラジカルは非常に反応性に富むため，フラグメントは，石炭粒子内を拡散する過程で，分解，水素引き抜き，再結合などを繰り返し，ガス（CH_4, CO, H_2など），油分（ベンゼン，トルエンなど），タールといった低分子物質として安定化する一方，架橋形成や重縮合反応により炭素質物質に変化する．炭素質物質はコークス（coke）またはチャー（char）とよばれるが，その違いは石炭粒子が軟化溶融するか否かであり，前者の場合をコークスと称し，燃焼やガス化では粘結炭を使用しないのでチャーとよぶ．

このように，石炭の熱分解では低分子化と架橋形成が同時に進行するので，その生成物分布はこれらの速度のバランスや石炭の化学構造に支配される．図3.12は，褐炭と歴青炭の熱分解で得られた生成物を比較したものである．褐炭では，

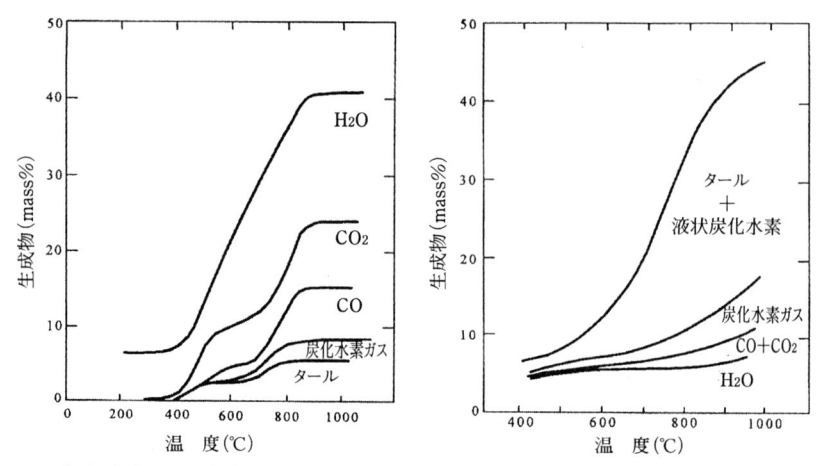

図 3.12 褐炭（左）と瀝青炭（右）の熱分解生成物分布（S. C. Tsai : Fundamentals of Coal Beneficiation and Utilization, Coal Science and Technology Vol. 2, Elsevier, Amsterdam, p. 122, 1982）

図 3.4 の構造モデルから予想されるように，H_2O，CO_2，CO といった酸素を含む化合物が多量に発生する．これに対して，瀝青炭ではこのような生成物の割合は少なく，液状炭化水素やタールの量が多いのが特徴である．

b. コークス製造　石炭の熱分解が最も大規模に利用されている工業プロセスは，製鉄用コークスの製造である．鉄鉱石（Fe_2O_3 が主成分）を還元して 1 トンの銑鉄を得るためには，約 0.4 トンのコークスが必要となる．表 3.1 に示したように，瀝青炭の中でもとくに強粘結炭が良質のコークスを与える．このような石炭はコークス用原料になることから，わが国ではしばしば原料炭とよばれ，火力電力などの燃料用に使用される石炭（一般炭）と区別される．わが国では，1998 年に 1 億 3200 万トンの石炭が輸入されたが，そのうち 7200 万トンが原料炭であった．原料炭は一般炭より高価で埋蔵量も少ないので，粘結性の乏しい石炭をいかに利用するかが大切である．したがって，実際には粘結性と石炭化度を指標として数十種の石炭を配合して使用する．

図 3.13 は，コークスの製造を目的として石炭を熱分解したときの生成物を表す．供給石炭の 60～70 mass ％がコークスに転化し，その他はガスやタールとして発生する．ガス中の 50～60 vol ％は水素であり，アンモニア合成や燃料ガスなどに使用される．一方，タールは，蒸留操作により数種類の油分と高沸点のピッチに分離された後，単環および多環の芳香族化合物を主成分とするタール油

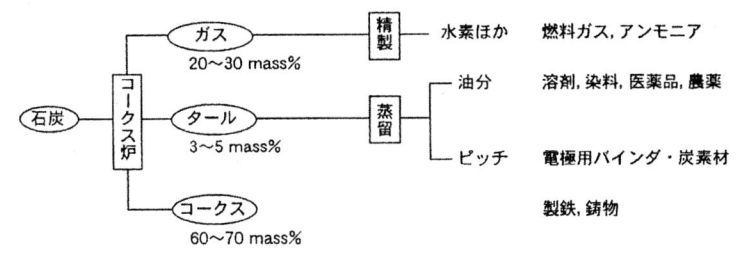

```
                  ┌─ ガス ────┬─精製─ 水素ほか    燃料ガス,アンモニア
                  │  20～30 mass%
   ┌─コークス炉─┼─ タール ──┬─蒸留─┬ 油分    溶剤,染料,医薬品,農薬
石炭┤             │  3～5 mass%      │
   │             │                  └ ピッチ  電極用バインダ・炭素材
                  └─ コークス
                     60～70 mass%                製鉄,鋳物
```

図 3.13 コークスの製造時における生成物

は，溶剤，界面活性剤，染料，医薬品，農薬などの原料に利用され，タールの半分以上を占めるピッチは，電極用のバインダーや炭素材などに用いられる．このようなタールの化学工業は，石炭からのファインケミカルズの製造として重要な地位を占めているが，わが国では製鉄用コークスの使用量の減少に伴い，タールの生産量も年々低下している．

　実際にコークスを製造する場合，石炭はコークス炉壁からの伝熱により 15～20 時間かけて 1000 ℃付近まで加熱される．図 3.14 は，この過程における物理化学的変化を模式的に示す．石炭が加熱されるとまず脱水が起こり，次に 400 ℃付近から軟化溶融が始まり，石炭粒子が合体して溶融層を形成する．同時に，熱分解によってガスやタールが発生するので，層が数倍にも膨張するが，炉壁によって抑えられるため，粒子どうしの粘着はむしろ促進される．500 ℃を超えると，溶融層は固体のセミコークスに変化し，温度の上昇とともに，水素を発生しながら重縮合反応が進行して，セミコークス層は収縮する．最終的に，十分な機械的強度をもったコークスが得られるのである．実際のコークス炉ではその壁側と中心部では温度差があるため，図 3.14 に示したような物理化学的変化が重なり合って進行している．このような複雑な現象を解明するため，医学用の X 線断層撮影装置，つまり X 線 CT スキャナーを使って，コークス炉内の直接観察に成功している．

　わが国のコークス炉の多くは 1970 年代に建設されており，2000 年代の初頭には更新の時期を迎えると予想されている．そのため，厳しい環境規制に対応でき資源的な制約も少ない革新的なコークス製造法が求められ，1994 年からスコープ（SCOPE）21 という国家プロジェクトがスタートしている．その最大の特徴は，従来のように 15～20 時間をかけてコークスをつくるのではなく，石炭の軟化溶融が始まる 350～400 ℃まですみやかに加熱することにある．その結果，粘

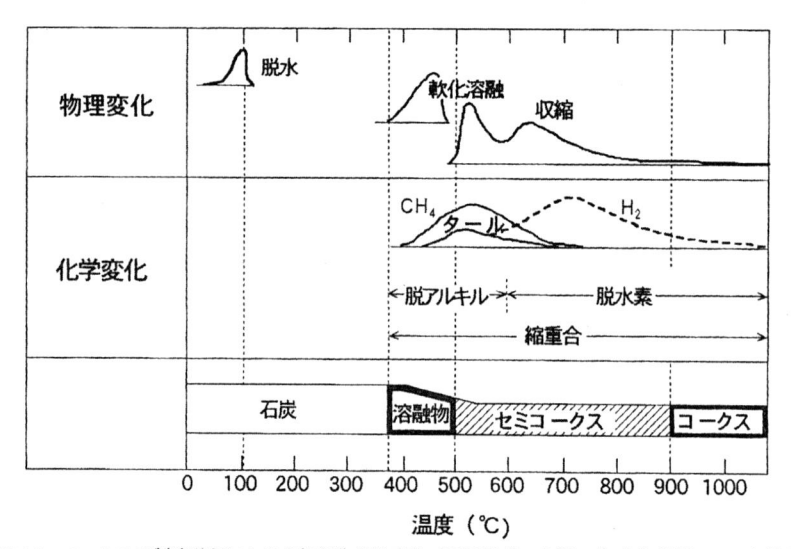

図3.14 コークスの製造過程における物理化学的変化（西岡邦彦：太陽の化石"石炭"，アグネ叢書2，アグネ技術センター，1990）

結性の小さな石炭の利用や生産性の大幅な向上が期待される．

c. 新しい熱分解法　図3.13で述べたように，コールタールを原料として付加価値の高い化学物質がつくられているが，タールはあくまでも副産物であり，その収率は石炭の3〜5 mass％にすぎない．タール中には，原油の蒸留成分とは異なり，多環芳香族や複素環化合物が多量に含まれるので，この点に着目して，石炭からできるだけ多くの液状成分を得ようとする熱分解法が提案されている．

それが急速（迅速）熱分解法（フラッシュパイロリシス，flash pyrolysis）である．コークスの製造時とは異なり，石炭は1秒間に数千〜数万℃という非常な高速で加熱されるので，表3.2に示した物理化学的変化が一斉に進行し，多種多様な熱分解フラグメントがきわめて短時間で発生する．液状成分の収率向上には，架橋形成や重縮合反応による炭素質物質の生成を抑えなければならない．その方法は，①水素の供与と②石炭の前処理に大別される．①はラジカル安定化剤としてすぐれている水素を高圧下で用いて，式（3.1），（3.2）などで生成したラジカルをすみやかに水素化する方法で，水素化熱分解とよばれる．②では，溶剤を用いて石炭中の非共有結合をあらかじめ解放しておき，図3.10にみられる架橋形成を防ぎ，その後に熱分解を行う．テトラリンのような水素供与性溶剤（3.4.4項参照）を使用して，水素化を効果的に行う方法もある．

3.4.2 燃　　焼

前述したように，世界で消費される石炭の半分以上は，現在火力発電に使用されている．ここで起こる反応が燃焼（combustion）である．火力発電では，おもに微粉炭燃焼（pulverized coal combustion）とよばれる方式が用いられ，約75 μm 以下に粉砕した石炭を空気で燃焼する．微粉にするのは，粒子が細かいほうが着火しやすいからである．石炭粒子と空気の混合物をバーナーのノズルから連続的に噴出させたときの燃焼過程を，図3.15に模式的に示す．石炭粒子は火炎や炉壁からの放射や伝導の伝熱を受け，温度が非常に急速（1秒間に約10^4℃）に上昇する．400℃以上になると石炭の熱分解が起こり，ガスやタールの揮発分が放出され，これらに着火して燃焼が始まる．ガスがCOやH_2の場合には，以下の反応により，それぞれ280, 250 kJ/molの熱が発生する．

$$CO + 1/2O_2 = CO_2 \tag{3.3}$$
$$H_2 + 1/2O_2 = H_2O \tag{3.4}$$

粒子温度はこのような燃焼熱によりさらに上昇して1500℃以上にも達する．この段階では揮発分の放出が完了して，チャーの燃焼が始まる．チャーは可燃性の有機質と非燃焼性の鉱物質から成り，前者の大部分は炭素（C）であるので，反応式は次式で表され，390 kJ/molという大きな燃焼熱を与える．

$$C + O_2 = CO_2 \tag{3.5}$$

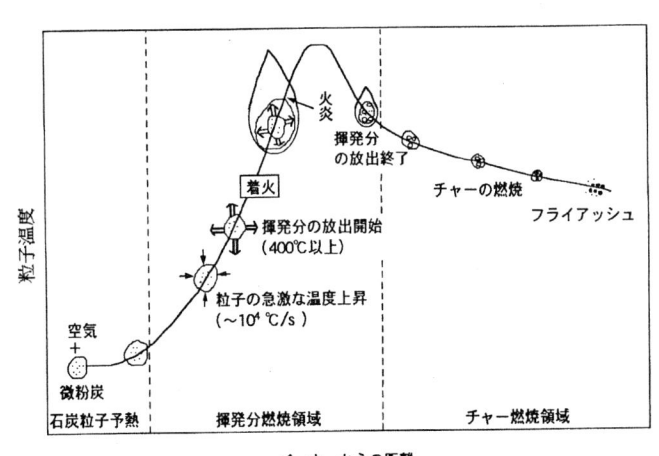

図 3.15　微粉炭の燃焼過程の模式図

式 (3.5) の速度は，次項（図 3.18）で述べる水蒸気ガス化などに比べて非常に大きいので，チャーの燃焼は数秒程度で終了し，最終的に灰（フライアッシュ，fly ash）となる．実際のプロセスでは，燃えきらない炭素（未燃炭素）が灰中に残留するので，この割合を低くすることが，燃焼効率の向上や灰の有効利用の面から必須となる．揮発分やチャー中に含まれる少量の窒素や硫黄も，燃焼により酸化物として排出される．

石炭の燃焼方式には，微粉炭燃焼以外に，火格子（ストーカ）燃焼（stoker combustion）と流動層燃焼（fluidized bed combustion）がある．前者では，通風可能な鋳鋼製の火格子の上に，5〜25 mm 程度の石炭粒子の層をつくり，空気を送りながら燃焼させる．層内の通風を確保しなければならないので加熱時に軟化溶融する粘結炭は火格子燃焼には適さない．石炭はほとんど固定しているので固定層燃焼ともよばれ，家庭などの小規模の燃焼に使用される．

これに対して流動層方式では，石炭と非燃焼性固体の混合粒子の層に空気を吹き込み，流動化（fluidization）状態をつくって燃焼させる．ガスは粒子層のなかで気泡を形成しながら上昇し，この運動により両者は激しく混合し，全体として沸騰状態になる．これがバブリング型流動層であり，微粉炭燃焼よりも低い 850 ℃ 前後で運転される．この方式の特徴は，非燃焼性固体として石灰石（$CaCO_3$）やドロマイト（$CaCO_3 \cdot MgCO_3$）を使用し，式 (3.7) のように炉内で脱硫ができる点である（3.5.2 項も参照）．

$$CaCO_3 = CaO + CO_2 \qquad (3.6)$$
$$CaO + SO_2 + 1/O_2 = CaSO_4 \qquad (3.7)$$

もう一つの特徴は，低温燃焼のため，空気中の N_2 に由来する NO_x が発生しないことである．バブリング型流動層燃焼では，激しい混合のために微粉化した石炭や脱硫剤の粒子が燃焼炉を飛び出し，燃焼や脱硫の効率が低下する．このような問題に対処するため，循環流動層が開発された．燃焼炉から飛散した粒子を捕集して循環させることにより，ガスと流動粒子との接触効率を高め，石炭粒子の滞在時間を長くできるので，燃焼や脱硫の効率向上が図られる．バブリング型は火力発電にすでに使用されているが，循環型は開発段階にある．

火力発電では，石炭の燃焼熱を利用して水蒸気を発生させ，蒸気タービンにより発電しているが，タービンの温度が高いほど発電効率が大きくなり，結果として，CO_2 排出量の削減が可能となる．CO_2 に限らず，燃焼時に排出される硫黄や

窒素の酸化物は地球環境問題に深くかかわるので，これらの点を 3.5 節で詳しく述べる．

3.4.3 ガス化

ガス化（gasification）は石炭をガスに変換して利用する方法である．石炭を加熱すると熱分解が起こり，ガスやタールの揮発分が発生し，炭素質物質（チャー）が残る．このチャーと気体（ガス化剤）の反応がガス化である．

a. ガス化の基本的反応と熱力学　表 3.3 に代表的なガス化反応を示す．チャー中のガス化可能な有機質の大部分は炭素から成るので，チャーを炭素 100 %（C）で表示した．燃焼はガス化反応の一種であるが，前項ですでに述べたように，燃焼熱の利用が目的であるのでここでは参照する程度にとどめ，生成ガスの製造を主目的とした式 (3.8)～(3.11) の反応を本項の対象とする．そのなかでも基本となる水蒸気ガス化（または水性ガス反応（water gas reaction））式 (3.9) を中心に述べる．この反応で生成した CO と H_2 の混合ガスを合成ガス（synthesis gas また syngas）とよび，さまざまな化学製品の合成原料となる．

式 (3.8)～(3.11) はいずれも固体と気体の反応であるが，表 3.3 の式 (3.12), (3.13) に示すように，生成物と水蒸気との二次的反応も気相で進行する．式 (3.13) は，天然ガス（主成分は CH_4）の合成ガスへの転換プロセス（4章参照）であり，また，式 (3.13) の逆反応はメタン化（methanation）とよばれ，合成ガスからの CH_4 製造法として利用される．(3.9), (3.12), (3.13) の 3 式はいずれの場合も H_2 を与えるので，工業的な水素製造法として重要である．実際のガス化炉では，石炭の熱分解とともに表 3.3 のほとんどが並列的に起こる．

表 3.3 の反応熱（標準状態）からわかるように，式 (3.5) が非常に大きな燃焼熱を与え，同様に (3.8), (3.11), (3.12) の 3 式も発熱反応であるが，一方，式

表 3.3　石炭のガス化に関与する反応と反応熱

反応名	反応式	反応熱 (kJ/mol)	番号
燃焼 (combustion)	$C + O_2 = CO_2$	-394	(3.5)
部分酸化 (partial oxidation)	$C + 1/2 O_2 = CO$	-111	(3.8)
水蒸気ガス化 (steam gasification)	$C + H_2O = CO + H_2$	$+130$	(3.9)
ブドアール反応 (boudouard reaction)	$C + CO_2 = 2CO$	$+171$	(3.10)
水素ガス化 (hydrogasification)	$C + 2H_2 = CH_4$	-74.8	(3.11)
シフト反応 (shift reaction)	$CO + H_2O = CO_2 + H_2$	-40.4	(3.12)
水蒸気改質 (steam reforming)	$CH_4 + H_2O = CO + 3H_2$	$+206$	(3.13)

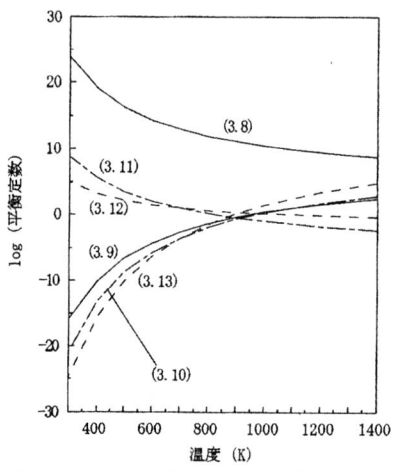

図 3.16 ガス化に関与する反応の平衡定数の温度変化

(3.9), (3.10), (3.13) ではいずれも大きな吸熱となる. このような違いを知ることは, 温度の制御, 熱の供給, 灰の溶融など, ガス化炉の運転面でも大切である.

目的としている反応がある温度で起こるかどうかは, その自由エネルギー変化 ($-\Delta G$) を計算すればわかる. $-\Delta G$ と反応の平衡定数 (K) の間には, R と T をそれぞれ気体定数と絶対温度にすれば,

$$-\Delta G = RT \ln K \quad (3.14)$$

が成り立ち, $-\Delta G > 0$ であれば $K > 1$ となり, 反応は生成系 (表 3.3 の反応式の右辺) に有利となる. 図 3.16 は式 (3.8)～(3.13) の平衡定数の温度変化を表す. 式 (3.8) は室温から 1100 ℃ 以上の広い温度範囲で容易に進行するのに対して, 式 (3.11), (3.12) は低温ほど起こりやすく, 一方, 式 (3.9), (3.10), (3.13) はいずれも 650～700 ℃ 以上にならないと進行しない.

反応の平衡定数を用いると, ガス組成の予測が可能となる. 式 (3.10), (3.11) がそれぞれ CO や CH_4 という 1 種類のガスを与えるのに対して, 式 (3.9) の水蒸気ガス化では, 生成ガスの二次的・三次的反応が起こるので, 複雑なガス組成となる. (3.9)～(3.12) の 4 式を用いたときの計算結果を図 3.17 に示す. 図 3.17 左は, 圧力一定 (7.0 MPa) におけるガス組成の温度変化であり, 低温では CH_4 と CO_2 の割合が多く, 一方, 高温では CO と H_2 が生成ガスの大部分を占める. これに対して, 図 3.17 右は温度一定 (1100 K) 時のガス組成の圧力変化を示し, CO と H_2 の濃度は低圧ほど高い. したがって, 合成ガスの製造が目的の

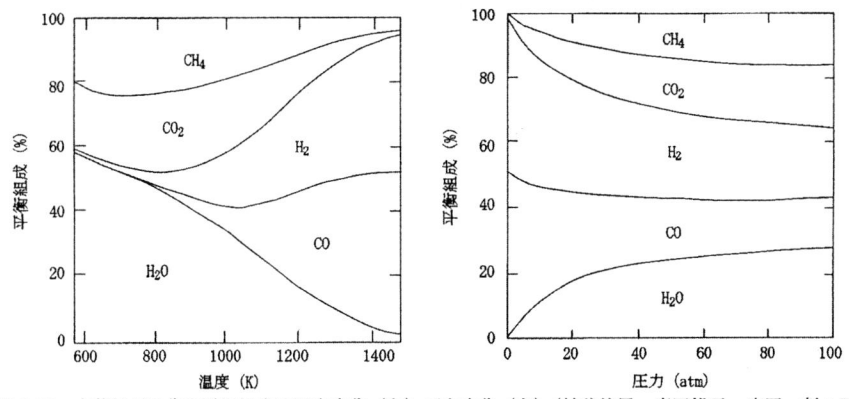

図3.17 水蒸気ガス化の平衡組成の温度変化（左）圧力変化（右）（神谷佳男・真田雄三・富田　彰：石炭と重質油ーその化学と応用ー，講談社サイエンティフィク，p.198，1979）

場合には，反応条件を高温低圧にすればよい．しかし，実際には高温高圧で操業されているが，圧力が高いほどガス化装置が小型化され，石炭処理量が増えるためである．さらに，得られた合成ガスを高圧で液体燃料に転換する場合には，生成ガスを再度圧縮する必要がないという利点もある．

図3.17にみられるように，圧力7.0 MPa，温度1400 KではH_2/CO比はほぼ1に近いので，式（3.9）が全体の反応をほぼ表していることになる．この式は大きな吸熱反応（表3.2）であるので，この熱を供給するために，実際のガス化炉ではO_2を添加して式（3.8）の部分酸化を行う．

b. ガス化反応速度と支配因子　　チャーとH_2O，CO_2，H_2との反応の熱力学的平衡（図3.16）は，無限に長い時間をかけたときの結果であり，ガス化速度に関する情報を得ることはできない．そこで，一例として，図3.18に異なるガス化剤を用いたときの速度と絶対温度の逆数との関係を表す．石炭の種類やチャーの調製条件が異なるため，データに幅がみられる．図には燃焼の結果も載せたが，速度はガス化剤の種類に依存し，その平均的な序列は

$$O_2 \gg H_2O \geqq CO_2 > H_2$$

であり，燃焼速度は水蒸気ガス化の$10^4 \sim 10^5$倍になる．図3.18から指摘できるもう一つの点は，燃焼で顕著にみられるように，温度が高くなると速度上昇の程度がゆるやかになることである．この点を次に考えてみよう．

反応の速度定数（k）の温度変化はアレニウス（Arrhenius）の式で示され，

$$k = A \exp(-E_a/RT) \tag{3.15}$$

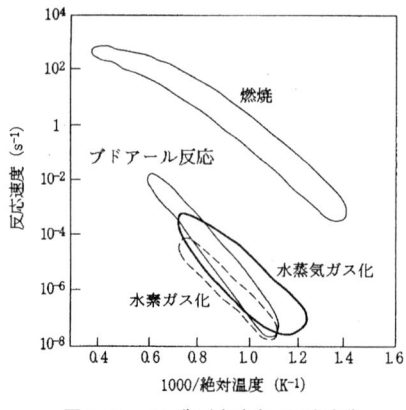

図 3.18　ガス化反応速度の温度変化 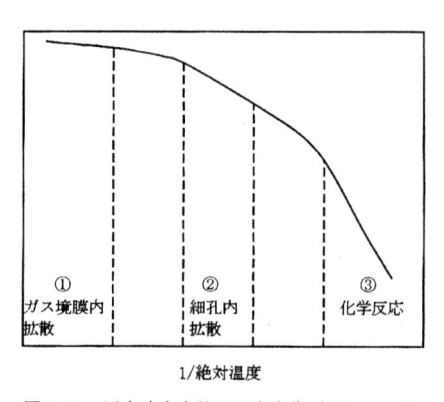　　図 3.19　反応速度定数の温度変化（アレニウスプロット）

である．A と E_a は，それぞれ，頻度因子（frequency factor）とみかけの活性化エネルギー（activation energy）を意味し，速度定数の対数と絶対温度の逆数との関係図をアレニウスプロットとよぶ．図 3.18 の縦軸は速度そのものであるが，アレニウスプロットと近似できるので，曲線の傾きより E_a が計算できる．ガス化反応では，燃焼に限らず，E_a は温度によって変化する．これを模式的に表すと図 3.19 になる．チャーのガス化反応は，ミクロ的にみると，①気相を流れているガス化剤のチャー粒子近傍への拡散，②粒子の細孔内におけるガス化剤の拡散，③粒子表面での炭素とガス化剤との反応，の三つの過程に大別され，最も速度の小さい過程が観測される反応速度を決定するので，これを律速段階（rate determining step）とよぶ．したがって，温度に伴う E_a の変化は，律速段階が異なることを意味する．図 3.19 にみられるように，温度の上昇とともに，律速段階は化学反応（③），細孔内拡散（②），ガス境膜内拡散（①；粒子近傍に形成されるガスの薄い層をガス境膜という）に移り，E_a は次のような序列になる．

$$\text{化学反応} > \text{細孔内拡散} > \text{ガス境膜内拡散} \geqq 0 \tag{3.16}$$

律速段階が異なれば，反応速度を支配しているファクターも違ってくる．①や②では，それぞれガス化剤の流速やチャーの粒子径といった物理的要因が速度を決定し，一方，③ではチャーに含まれる鉱物質や炭素構造が重要となる．

図 3.20 は，石炭中の炭素含有量（C%（daf））と水蒸気ガス化速度との関係を表す．約 100 種類のチャーを用いた日本人研究者らによる結果をまとめたもので，C% が小さくなるに従い，速度は大きくなる傾向を示した．特徴的なことは，

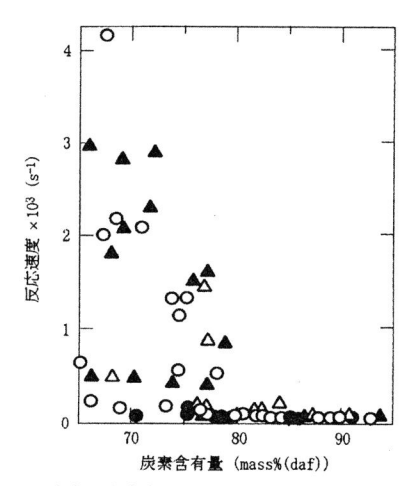

図 3.20 石炭中の炭素含有量と水蒸気ガス化速度との関係（K. Miura, K. Hashimoto and P. L. Silveston： *Fuel*, **68**, 1465, 1989）

80％（daf）以下での速度が，石炭の種類により大きく異なる点である．そこで，石炭中の鉱物質をあらかじめ除去したところ，速度は著しく低下して，炭種間に大きな差は認められなくなった．つまり，鉱物質がガス化反応を促進したのである．図 3.4 にみられるように，褐炭や亜歴青炭には Na^+, K^+, Ca^{2+}, Fe^{3+} が存在し，これらの金属イオンはガス化過程で液体状態や微細な固体粒子に変化して大きな触媒効果を発揮する．図 3.20 で観測された速度の差異は，触媒機能をもつ金属イオンの量や種類に起因している．

触媒（または接触）ガス化（catalytic gasification）では，このような成分を石炭に添加して反応を行う．H_2O や CO_2 を用いた場合，上に述べたアルカリ，アルカリ土類，遷移金属の元素が高い触媒活性を示す．触媒ガス化では，反応速度が増加するため低い温度で運転ができ，触媒が式 (3.12)，(3.13) の気相反応にも影響を与えるので，ガス組成を変えることも可能となる．一方，商業規模のガス化炉では，1 日数千トンの石炭が消費されるので，1 mass ％の少量の触媒を添加したとしても，その量は膨大にのぼる．さらに，触媒成分が石炭中の鉱物質や発生する硫黄化合物と反応して活性を失うケースもある．したがって，触媒の価格や回収・再利用の問題が，実用化に向けた大きな障害となっている．

図 3.20 において，C ％が 80 以上の高炭化度炭のガス化速度は，鉱物質の有無に無関係で，炭素の反応性，すなわちその構造に密接に関連する．チャー中の炭

素は，グラファイトにみられる規則的な結晶構造（巨大な縮合多環芳香族分子が三次元的に積み重なった構造）とは異なり，不規則で芳香環の縮合数も小さく均質ではない．このような乱れた構造のなかには，反応性の高いサイトが存在し，優先的にガス化される．その量は活性表面積（active surface area）とよばれ，酸素の化学吸着により求める．活性表面積は，N_2 や CO_2 で測定される物理的表面積とは本質的に異なる概念であり，チャーのガス化速度とよく対応することから，反応性を評価する指標として重要視されている．

 c. ガス化技術 ガス化炉は，移動（または固定）層（moving または fixed bed），流動層（fluidized bed），気流（または噴流）層（entrained bed）に大別される．前二者の基本的原理は，火格子や流動層の燃焼方式と同様である．現在，工業的に運転中のガス化炉では，水蒸気や酸素により合成ガスがおもに製造され，アンモニア合成用水素，メタノールや酢酸などの原料，燃料ガスなどに利用されている．

 移動層は，火格子上に充填された塊状の石炭を 1000 ℃以下でガス化する方式で，商用としてはルルギ（Lurgi）炉が稼働しており，合成ガスは間接液化（3.4.4 項）の原料に用いられている．一方，流動層では石炭粒子を流動化しながらガス化するので，移動層に比べて炉内の温度は均一で石炭処理量も多い．反応温度は移動層と同程度で，ドイツで工業化されたウィンクラー（Winkler）炉が知られている．これらの方式と比較して，気流層は 1500 ℃前後の高温で運転され，バーナより噴出した微粉炭が高圧下できわめて短時間でガス化される．現在，いくつかの気流層ガス化炉が開発ならびに稼働中であるが，そのなかでテキサコ（Texaco）炉は，高濃度の石炭を水中に分散させたスラリーを使用し，重質油の熱分解残査（石油コークス）のガス化も可能である．

 現在のガス化技術の主流は高温高圧の気流層方式であり，反応速度が非常に大きいため，ガス組成はほぼ平衡に達して H_2 と CO から成り，チャーのガス化率も高い．しかし，解決されるべき課題も少なくなく，とくにガス化時に生成する溶融スラグ（石炭中の鉱物質の溶融物）に関するトラブルの対策が重要である．アメリカ，EU，日本では，気流層ガスと発電を組み合わせた新しい発電プロジェクトが進められているが，これについては 3.5 節で述べる．

 3.4.4 液   化
世界の一次エネルギー消費量のなかで，石油の占める割合は 40 ％と最も大き

い．日本の石油依存度はさらに高く，50％を超える．しかし，その可採年数は40年と石炭や天然ガスに比べて短く，将来において石油の安定な供給を期待することは難しい．そこで，1973年の第一次石油危機を契機に，埋蔵量の豊富な石炭を原料とする燃料油の製造，すなわち液化（liquefaction）の研究が盛んに行われてきた．この方法は，石炭をそのまま用いる直接液化（direct liquefaction）と，ガス化で得られた合成ガスを原料とする間接液化（indirect liquefaction）に大別される．

a. 直接液化 石炭は，石油に比べて水素が不足しているので，液化するには水素の添加が不可欠である．この水素をいかに効率よく利用するかが，直接液化のキーポイントであり，この目的のために石炭と水素の他に溶剤と触媒を使用する．図3.21の基本的なフローシートに示されるように，石炭，触媒，溶剤の混合物（スラリー）は，高圧の液化反応器内で水素処理された後，分離器や蒸留操作により，ガス，液化油（沸点範囲の異なる軽質，中質，重質成分），溶剤，残査（未反応物，触媒，灰）に分別され，溶剤は循環・再利用される．

液化反応は，通常，430〜470℃，10〜30 MPaの条件下で行われ，おおまかには次の二つの過程を経て進行する．

① 石炭の熱分解によるさまざまなフラグメントの生成
② 水素との反応によるフラグメントの安定化

第一段階では，3.4.1項で述べたように，熱分解反応が進行する．450℃前後の液化温度では，結合解離エネルギーの小さなエーテル基のC‐O結合やメチレン

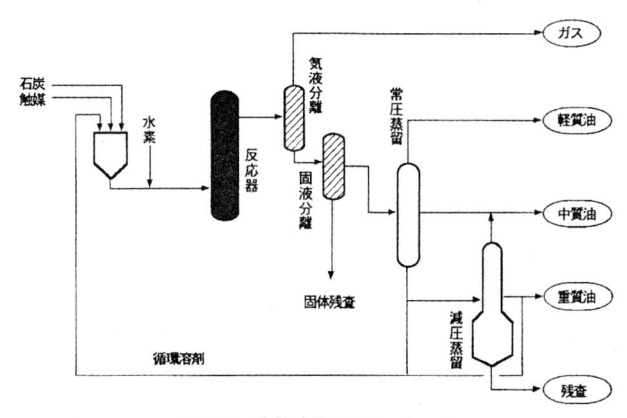

図3.21 直接液化のフローシート

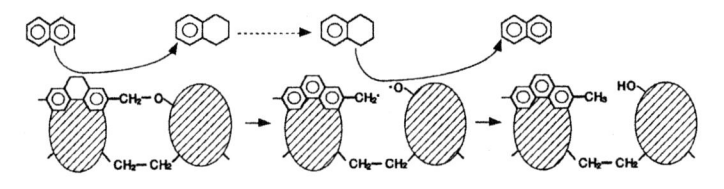

図 3.22 石炭中の水素移動（シャトリング）の模式図

基の C-C 結合の切断がおもに起こり，熱分解フラグメントが生成する．しかし，水素が十分に与えられない状況では，フラグメントどうしが結合して炭素質物質に変化したり，ラジカルの再分解が起こってガス状の低分子物に転化する．液化反応を効率よく行い，油分（n-ヘキサンに可溶な成分）の収率を高めるためには，これらの反応を最小限に抑えなければならない．

したがって，第二段階の水素の役割がきわめて重要となる．その供給源は，①溶剤，②気相，③石炭の3種類があり，反応に対するこれらの寄与の程度は液化条件によって変化する．①では，水素を供与しやすくかつ受容しやすい性質をもつヒドロ芳香族化合物（ベンゼン環とシクロヘキサン環の縮合化合物）が溶剤として使用され，代表的な化合物がテトラリンである．下に示すように，テトラリンはフラグメントに水素を与えてナフタレンとなり，ナフタレンは触媒の作用により気相中の水素を受け取ってテトラリンに戻る．

$$\text{(テトラリン)} + \text{フラグメント} = \text{(ナフタレン)} + \text{生成物} \tag{3.17}$$

$$\text{(ナフタレン)} + 2\,H_2 = \text{(テトラリン)} \tag{3.18}$$

このようなヒドロ芳香族化合物は熱分解タールや液化油中に含まれるので，実際のプロセスでは，これらの一部が循環され溶剤として使用される（図 3.21）．②の気相中の水素は，式（3.18）で示したように，触媒の存在下で溶剤（たとえばナフタレン）と反応し，生成した水素供与性溶剤（テトラリン）がフラグメントを安定化する．このような間接的な方法ではなく，気相中の水素が溶剤中に溶解して直接フラグメントと反応する場合もある．③では，溶剤を媒体として，石炭中の水素自身がその構造のなかを移動する．図 3.22 はこの過程を模式的に表している．フラグメント中にヒドロ芳香族構造が存在すると，そのなかの水素が

いったん溶剤に移り，溶剤中の水素が次にラジカルと反応する．このようなフラグメント内での水素の移動をシャトリングとよび，溶剤は単なる媒体であるので，その水素はまったく消費されない．

液化触媒の役割としては，式 (3.18) で表される溶剤の水素化，生成物中に含まれる重質成分（アスファルテン）の水素化分解，ならびに硫黄や窒素の除去があげられる．触媒の性能は，石炭中の鉱物質や反応時に生成する炭素質物質の付着により低下するため，使い捨て可能な安価な鉄触媒が中心に研究されてきた．この触媒は硫黄または H_2S の存在下で有効に作用し，両者の反応で生成する不定比化合物（$Fe_{1-x}S$）が活性種と考えられている．鉱物質中の黄鉄鉱（FeS_2）もこの化学種に転化するので触媒効果を示すことがある．一般に，鉄触媒は溶剤の水素化には有効であるが，アスファルテンの水素化分解能は小さい．一方，重質油の水素化精製に用いられる Co-Mo や Ni-Mo の触媒は高い水素化分解活性を示し，ヘテロ元素の除去能も有するが，高価なため，触媒の回収・再利用が必要となる．

石炭の液化は，ガソリン，ディーゼル，発電などに使用される石油系燃料の代替を目的として研究されてきたが，このような用途に適した液化油の製造には大量の水素を必要とする．さらに，液化反応器では，石炭・触媒，溶剤・生成油，水素・生成ガスといった固体，液体，気体の三相が複雑に関与しているため，反応器や周辺装置の設計や操作が難しい．これまで，さまざまな液化プロセスが開発されてきたが，このような理由のため，実用化にはまだ至っていない．石油のほとんどを海外に依存するわが国では，褐炭の液化プロジェクトが 1981 年から約 10 年間にわたり推進され，さらに 1 日の石炭処理量が 150 トンにのぼる大型の瀝青炭液化プラントが 1991 年から 5 年間運転され，実用化に向けて貴重な成果が得られている．

b. 間接液化 間接液化は，石炭のガス化で得られる合成ガスを原料とする液体燃料製造技術であり，その代表的なプロセスがフィッシャー-トロプシュ (Fischer-Tropsch：FT と略す) 合成である．FT プロセスは，1930 年代の半ばから第二次大戦前までドイツで工業化され，さらに，1955 年頃から現在に至るまで南アフリカ共和国で操業されている．また，1973 年の石油危機後には，石油代替燃料の製造法として再び注目され，多くの研究が行われた．

FT 合成は，工業的には，鉄またはコバルトを主成分とする触媒を用いて，220

~330 ℃, 20 ~ 30 MPa の条件下で行われ, パラフィンとオレフィンを得る反応式はそれぞれ式 (3.19), (3.20) として表され, n は 1 ~ 100 の値をとる.

$$nCO + (2n+1)H_2 \longrightarrow C_nH_{2n+2} + nH_2O \tag{3.19}$$

$$nCO + 2nH_2 \longrightarrow C_nH_{2n} + nH_2O \tag{3.20}$$

FT 合成は, 炭素原子数 1 の CO を出発原料として, 炭素-炭素結合つまり炭素鎖が触媒の表面で逐次的に成長する重合反応であるため, 単一の炭化水素を選択的に製造することはできない. その分布は炭素鎖成長確率 (α) に支配され, 炭素数 n の炭化水素の質量分率 W_n は, 一般に以下に示されるアンダーソン-シュルツ-フロリー (Anderson - Schluz - Flory) 分布則に従う.

$$W_n = n\alpha^{n-1}(1-\alpha)^2 \tag{3.21}$$

図 3.23 はこの式を図示したものであり, 目的とする成分の最高選択率が予測できる. たとえば, C_5 ~ C_{11} のガソリン留分の選択率は α 値 0.76 で最大 (49 mass %) となり, C_{12} ~ C_{20} の軽油留分は α 値 0.88 で最高選択率 (32 mass %) を与える. α は反応条件 (合成ガス組成, 温度, 圧力) や触媒の種類により変化するので, 目的生成物の最適条件を選択することが可能となる.

このような炭素鎖成長反応について, これまで多くの研究者によりさまざまなメカニズムが提案されているが, メチレン (CH_2) を中間体とする説が最も有力である. 図 3.24 にみられるように, 第一段階では, 金属表面に吸着した CO および H_2 が, それぞれ, C 原子と O 原子および H 原子に解離する. 次に, C 原子が水素化されて CH_2 や CH_3 が形成され, さらに, これらの化学種の反応により

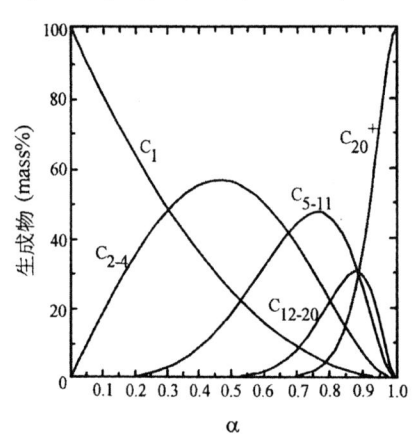

図 3.23 炭化水素生成物と炭素鎖成長確率 (α) との関係

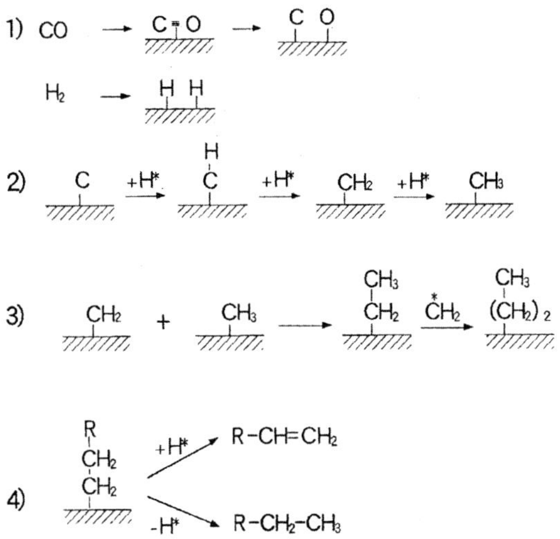

図3.24 炭素鎖成長反応のメカニズム

生成したC‐C結合にCH$_2$が挿入されて，炭素鎖が成長する．最終的には，パラフィンまたはオレフィンが生成して，重合反応は停止する．

図3.24から指摘されるように，触媒の役割は，COやH$_2$を吸着して解離し，さらに，表面炭素種（C，CH$_2$など）を水素化することである．周期表のⅧ族金属が広く研究され，FeまたはCoをベースとした触媒が工業用に使用される．Fe触媒はつねに少量のKの共存下で作用し，COが解離しやすくなる一方，H$_2$が吸着しにくくなるため，触媒の水素化能が低下する．その結果，生成炭化水素の分子量が大きくなり，オレフィンの割合が増える．これに対して，Co触媒はFeより水素化能が高いため，パラフィンの生成を促進する．

式（3.19）から計算できるように，たとえば1モルのC$_{10}$H$_{22}$が生成するときの発熱量は1560 kJとなり，FT合成は非常に大きな発熱反応である．工業プロセスでは，このような熱を除去するための反応器の形式や，温度を一定に制御する方法などにおいて，多くの工夫がみられる．触媒を流動化させて反応熱をすみやかに分散したり，触媒と溶媒のスラリーを用いて反応熱を効果的に除去している．後者のスラリー床反応器では，触媒上に生成する高融点のワックスが溶媒に溶けるため，触媒表面がつねにフレッシュな状態に保たれ，高い性能を維持することが可能となる．

FT合成で製造される液状生成物は，原油由来のガソリンや軽油に比べて，硫

黄分, 窒素分, 芳香族化合物をほとんど含まないことから, 環境に優しい燃料として注目されている. しかし, 石炭のガス化で得られる合成ガスを原料とする場合には, 石油製品との価格競争にはなかなか勝てない. そこで, 最近, 天然ガスから製造される合成ガスを利用したFT合成の商業プロセスが開発され, 新たな展開が図られようとしている.

3.5 石炭の利用に伴う地球環境問題とその対策

世界で消費される石炭の約60％は発電用として燃やされ, 二酸化炭素 (CO_2), 硫黄酸化物 (SO_x), 窒素酸化物 (NO_x) を排出している. 石炭の使用量は発展途上国を中心に増加していることから, このようなガス排出量の増大は, 深刻な環境破壊を引き起こす心配がある. 石炭の利用に伴う煤塵や灰の問題も見逃せないが, ここでは, 地球規模の環境問題の観点から, CO_2, SO_x, NO_xに焦点をしぼり, その対策の現状と課題について考えてみたい.

3.5.1 二酸化炭素

石炭に限らず石油や天然ガスは燃焼によりCO_2を排出し, その増大が地球温暖化に関係があると考えられている. 一方, 図3.7で示したように, 地球上に住むわれわれはエネルギーの90％をこれらの資源に依存しており, 石油, 石炭, 天然ガスがなければ, われわれの生活は成り立たない. したがって, 環境を壊さないようにエネルギーをいかに上手に使うかが大切である.

まず, これらの資源を発電用燃料として利用した場合, どれだけのCO_2が排出されるかをみてみよう. 結果を図3.25に示す. 燃焼だけではなく, 採掘やわが国への輸送の際にも, エネルギーを消費（つまりCO_2が発生）するので, この点も考慮している. 図からわかるように, 単位熱量あたりのCO_2量は, いずれの段階でも, H/C原子比が最も小さい固体燃料である石炭で最も多い. その合計は, 石炭を1にすると, 石油や天然ガスではそれぞれ0.8と0.6となり, 石炭が最も多くのCO_2を排出している.

それでは, CO_2発生量を減らすために, どのような方策が考えられているであろうか. 火力発電や工業用ボイラーなどの排ガスからのCO_2回収, バイオテクノロジーや触媒化学を利用したCO_2の再資源化, さらにはCO_2の地中や海洋への隔離・貯留など, 多くの方法が検討されているが, 最も現実的な対策は, 石炭の利用効率を高めることである. 燃焼の項 (3.4.2) で述べたように, 主要先進国

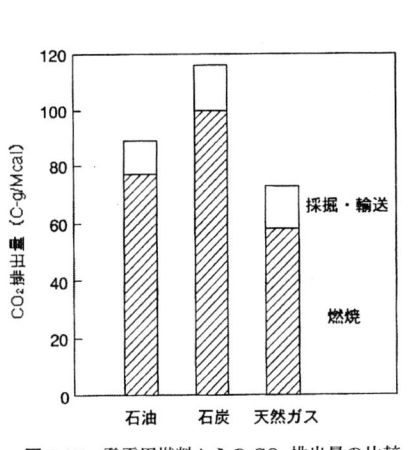

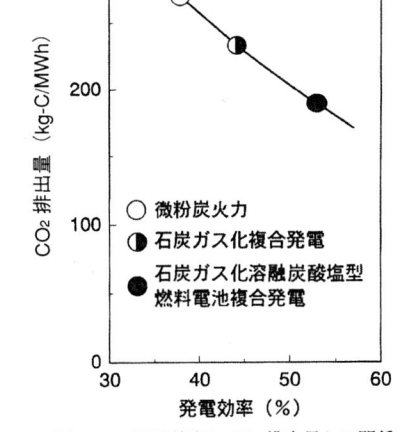

図 3.25 発電用燃料からの CO_2 排出量の比較   図 3.26 発電効率と CO_2 排出量との関係

の石炭火力では，微粉炭燃焼を用いる蒸気タービンシステムが中心で，発電効率は 38 〜 39 ％である．この値は蒸気条件を厳しくするとさらに数％は増加するものの，理論的限界にほぼ近い．したがって，発電効率の大幅な向上を目指すためには，まったく新しいシステムが必要となる．その切り札の一つが，石炭ガス化複合発電（IGCC：integrated gasification combined cycle）である．この方式では，ガス化で生成した合成ガスを 1300 〜 1500 ℃で燃焼させてガスタービン発電を行い，さらに高温の排熱を利用して水蒸気を発生させ蒸気タービン発電を運転する．その結果，発電効率は 44 〜 48 ％に上がる．

図 3.26 は，このような効率向上が，どの程度の CO_2 量を削減できるかを表す．発電効率が現行の石炭火力の 38 ％から IGCC の 44 ％に増加すると，CO_2 排出量を 13 ％削減したことになる．地球温暖化防止会議（1997 年）で設定されたわが国の削減目標が 6 ％であることを考えると，13 ％という数字の重要性が理解できる．IGCC の開発については，石炭処理量が 2000 〜 2500 トン／日の商業規模のプロジェクトが，EU やアメリカを中心に推進されており，わが国でも，パイロットプラントの運転研究が 1991 年度から 5 年間実施され，さらに，実用化に向けた検討が進められている．しかし，高温高圧の気流層ガス化技術の確立，生成ガスの高温クリーンアップ法の開発，ガスタービンの高温・高性能化など，残された課題も多い．

水蒸気やガスのタービンでは，熱エネルギーが電気に変換されるのに対して，燃料電池（fuel cell）では化学反応を利用して直接発電が可能である．水を電気分解すると，H_2とO_2が発生するが，これとは逆にH_2とO_2を異なる電極上で反応させると，電気を取り出すことができる．燃料電池はこの原理を利用しており，電解質として溶融炭酸塩を用いると，ガス化で生成した合成ガスを燃料として使用できるので，IGCCと溶融炭酸塩型燃料電池を組み合わせた発電方式が提案されている．図3.26にみられるように，その効率は53％以上と期待され，CO_2削減率は30％に達する．まさに夢の発電方式といえよう．

話を現実に戻すと，現在，発展途上国の発電効率は低く30％以下である．図3.26の結果は，先進国の微粉炭火力の技術を発展途上国へ移転することにより，CO_2の効果的な削減が可能であることを物語っている．したがって，CO_2に限らず，以下に述べるSO_xやNO_xの除去に関しても，国際的協力が不可欠である．

3.5.2 硫黄酸化物

石炭中の硫黄分の90％以上は燃焼過程でSO_xとして排出される．その大部分はSO_2から成り，一部がSO_3である．SO_xは土壌や湖沼の酸性化や森林の破壊などを引き起こす酸性雨の一因となる．窒素酸化物とは異なり，SO_x量を燃焼過程で抑制することは困難なため，排ガスからのSO_x除去法が最も多く用いられている．これが排煙脱硫（flue gas desulfurization）技術であり，湿式法，半乾式法，乾式法に大別される．そのなかでは，湿式法（wet scrubber）が普及しており，世界中に設置されている排煙脱硫設備の約90％を占める．

湿式法のなかでは，石灰石（または石灰）/石膏法が多くの微粉炭火力で採用されている．その理由は，石灰石（$CaCO_3$）は地球上のどこでも比較的容易に入手可能で，副産物の石膏（$CaSO_4 \cdot 2H_2O$）がボード，セメント，土壌改良材などに利用でき，脱硫性能がすぐれているからである．図3.27にこのプロセスの基本的なフローシートを示す．吸収塔内の反応は以下の式で表される．

$$SO_2 + H_2O = H_2SO_3 \qquad (3.22)$$

$$H_2SO_3 + CaCO_3 = CaSO_3 + CO_2 + H_2O \qquad (3.23)$$

$$CaSO_3 + 1/2 O_2 + 2H_2O = CaSO_4 \, 2H_2O \qquad (3.24)$$

まず，排ガス中のSO_2は水に溶解してH_2SO_3となり，次に，H_2SO_3はスラリー状の$CaCO_3$と反応して$CaSO_3$を与え，最後に，$CaSO_3$は酸化されて$CaSO_4$ $2H_2O$に変化する．この脱硫法は信頼性が高く確立した技術ではあるが，大量の

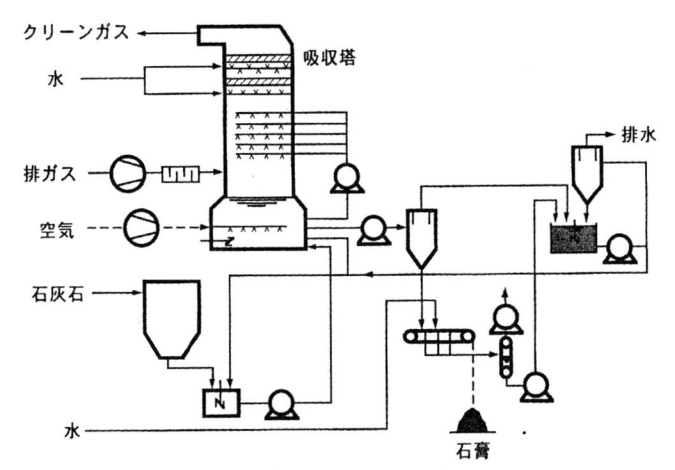

図 3.27 排煙脱硫プロセス（石灰/石膏法）のフローシート（H. Soud：*Suppliers of FGD and NO$_x$ Control Systems*, IEACR/83, IEA Coal Research, UK, 1995）

水と高度の廃水処理が必要となるため，水を使わない方式として，活性炭や石炭灰などを用いる乾式法が開発されている．

排煙脱硫は排ガス中の SO$_x$ を除去する技術であるが，流動層燃焼では石炭と石灰石を同時に流動化するので，炉内脱硫（in-bed desulfurization）が可能となる（3.4.2項参照）．式（3.6），（3.7）より，オーバーオールの反応式は，

$$CaCO_3 + SO_2 + 1/O_2 = CaSO_4 + CO_2 \tag{3.25}$$

と表されるので，CaCO$_3$ と SO$_2$ のモル比，つまり，Ca/S 原子比は 1 でよいことになる．しかし，90％以上の脱硫率を達成するための Ca/S 比は 2～4 であり，CaCO$_3$ の利用率は 25～50％にすぎない．このように炉内脱硫では，排煙脱硫に比べて多量の CaCO$_3$ が必要となり，灰処理量のコスト増大にもつながるので，Ca/S 比を化学量論値に近づけることが大切な課題となっている．

わが国の SO$_x$ 排出規制は世界でも例をみないほど厳しく，石炭火力では全硫黄量が 0.5 mass％程度の石炭を用い，90％以上の脱硫率により，SO$_x$ 量はほぼ 50 ppm 以下に抑えている．世界的にみても，SO$_x$ 排出基準は厳しくなっており，国際貿易では全硫黄量が 1 mass％以下の低硫黄炭がおもに取り引きされている．一方，発展途上国では，自国に産出する安価な高硫黄炭を使用せざるをえない現実があり，その結果，発生する多量の SO$_x$ は，その国のみならず近隣諸国にも悪影響を及ぼす．しかし，経済成長に重点をおく発展途上国に対して，高価な脱

硫技術の移転は容易ではない．したがって，その国の状況に適した脱硫法の開発が進められている．

先に述べたように，硫黄の形態は有機型と無機型に大別される．物理的洗炭 (physical coal cleaning) は，石炭中の有機質と無機の鉱物質間における比重や水への親和性の違いに着目して，石炭を利用する前に，無機硫黄中の黄鉄鉱を除去する技術である．この方法は，元来，石炭中の鉱物質量を減らすために鉱山で広く行われてきたが，近年，無機硫黄の除去率の向上を目的としてさまざまな改良が加えられている．これに対して，化学反応や微生物を用いる方法は，無機硫黄だけでなく有機硫黄の除去にも有効であるが，いまだ開発段階にある．このようなコールクリーニング法は，発展途上国における事前脱硫法の一つとして期待されている．

3.5.3 窒素酸化物と亜酸化窒素

a. 窒素酸化物　　微粉炭燃焼時に発生する窒素酸化物 (NO_x) は，フュエル (fuel) 型とサーマル (thermal) 型に大別される．ここで，NO_x とは NO と NO_2 の総称で，高温では NO がおもに存在する．フュエル NO_x は燃料 (fuel) である石炭中の有機窒素化合物（フュエル窒素）に由来するのに対して，サーマル NO_x は，下記のように，空気中の N_2 の酸化によるもので，高温ほど生成しやすい．

$$N_2 + O_2 = 2NO \tag{3.26}$$

850℃前後で運転される流動層燃焼では，サーマル NO_x は生成しない．微粉炭燃焼で発生する NO_x 量の 80% 以上はフュエル型で，一方，自動車やバスなどの輸送機関から排出される NO_x はほとんどがサーマル型である．これらの NO_x が光化学スモッグや酸性雨の原因物質の一つであることはよく知られている．

表 3.4　石炭の燃焼におけるおもな NO_x 削減技術

方式	方法	特　徴
燃焼改善	低 NO_x バーナ 2段燃焼 リバーニング	揮発分燃焼を高温かつ燃料過剰にする火炎内脱硝 燃焼用空気を2段階で供給 石炭の一部または天然ガスを還元剤として投入
排煙処理	選択接触還元 無触媒還元	触媒上で NH_3（または尿素）を用いて NO_x を還元 80～90% の高い脱硝率 触媒を用いずに NH_3（または尿素）で NO_x を還元

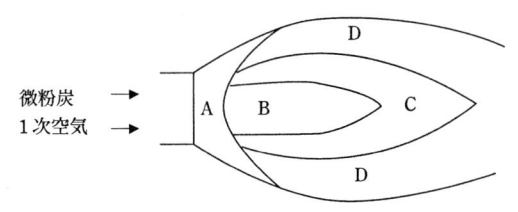

3.5 石炭の利用に伴う地球環境問題とその対策

```
ゾーン A：揮発分の脱離と燃焼
    揮発分窒素 ＋ O₂ → NO                               (3.27)
ゾーン B：HCN や NH₃ の発生
    NO ＋ 揮発分 → ・CN (HCN), ・NH (NH₃)              (3.28)
    揮発分窒素 → ・CN ・NH                              (3.29)
ゾーン C：NO の還元
    ・CN ＋ NO → N₂ ＋ ・CO                             (3.30)
    ・NH ＋ NO → N₂ ＋ ・OH                             (3.31)
    C ＋ NO → 1/2N₂ ＋ CO                              (3.32)
ゾーン D：チャーの燃焼
    チャー中の窒素 ＋ O₂ → NO                           (3.33)
```

図 3.28 低 NO_x バーナの概念図と NO 生成に関与する反応

表 3.4 に示すように，微粉炭燃焼における NO_x 削減（脱硝）技術は，燃焼改善 (combustion modification) と排煙処理 (flue gas treatment) に分類される．燃焼の前段では熱分解が起こり，揮発分が放出される (3.4.1 項，図 3.15) が，フュエル窒素の一部も，この過程で揮発分窒素（含窒素フラグメント）として脱離する．燃焼改善の基本的な考え方は，熱分解を促進して揮発分窒素量を増やすとともに，その酸化を抑制して NO_x 量の大部分を占めるフュエル型を減らすことにある．図 3.28 に，火炎内で脱硝を行う低 NO_x バーナ (low-NO_x burner) の概念図と NO 生成にかかわる反応を示したが，ここに燃焼改善の基本原理が網羅されている．ゾーン A では，まず熱分解により揮発分が放出され，その一部が燃焼して NO が発生する．この初期過程を高温にし，かつ，燃料過剰（空気不足）にすることが重要である．次にゾーン B では，NO の一部は低分子の炭化水素ラジカルと反応して，CN (HCN) や NH (NH₃) のラジカルに還元され，揮発分窒素も CN や NH に転化する．ゾーン C と D では，それぞれ NO の還元とチャーの燃焼が進行する．二段燃焼 (two-stage combustion) 法では，ゾーン A で一次空気を不足の状態にし，ゾーン D に二次空気を吹き込む．その結果，式 (3.27) が抑えられ，一方，式 (3.28)～(3.32) は促進され，NO_x 発生量は低下する．これに対して，リバーニング (reburning) 法では，使用する石炭の一部または天

然ガスをゾーンCに投入し，NOの還元に用いる．燃焼改善では，低NO_xバーナと二段燃焼またはリバーニングの組み合わせにより，70％までの脱硝率が得られる．

表3.4にみられるように，もう一つのNO_x削減技術が排煙処理法である．排煙脱硫と同様に，排ガス中のNO_xを除く方法で，フュエル型もサーマル型も区別されない．現在の主流は選択接触還元法（selective catalytic reduction）であり，排ガスをアンモニアとともに触媒層に通し，NO_xをN_2に還元する．

$$4NO + 4NH_3 + O_2 = 4N_2 + 6H_2O \tag{3.34}$$
$$2NO_2 + 4NH_3 + O_2 = 3N_2 + 6H_2O \tag{3.35}$$

酸化バナジウム（V_2O_5）/酸化チタニア（TiO_2）系触媒をおもに使用し，300～400℃で反応を行う．わが国で開発されたこのプロセスは，燃焼改善と比較して，80～90％の高い脱硝率が達成できるので，諸外国に普及している．反面，装置が大型になり高価である．触媒を用いない比較的簡単な方法は，無触媒還元法（selective non-catalytic reduction）である．還元剤として，アンモニアのかわりに尿素が使用される場合もあり，反応式は以下のように表される．

$$4NO + 2CO(NH_2)_2 + O_2 = 4N_2 + 4H_2O + 2CO_2 \tag{3.36}$$

接触還元法に比べて，反応温度は900～1100℃と高い．一方，脱硝率は30～50％と低いが，設備は安価である．しかし，接触還元と同程度の性能を得るには，3～4倍量の還元剤が必要となり，亜酸化窒素（次項参照）の発生も起こる．

現在，わが国の多くの石炭火力発電所では，燃焼改善技術と選択接触還元法との組み合わせにより，厳しいNO_x規制に対応しており，50 ppm以下という低い排出濃度を実現している．

b. 亜酸化窒素 亜酸化窒素（N_2O）はCO_2と同様に温室効果を持つことから，最近，地球環境への影響が注目されるようになったが，人間の活動に伴うN_2O排出量は自然界からのものより小さい．前者では，石油・石炭・天然ガスの燃焼時に発生するN_2O量の合計は，自動車や船などの輸送機関に比べて少ないが，3種の化石エネルギーのなかでは，石炭の寄与が最も大きい．

N_2Oは1000℃以上では容易に分解するので，微粉炭燃焼では無視できるほど小さい．一方，流動層燃焼では50～100 ppmのN_2Oが発生する．この値は，上で述べた無触媒還元法の使用時よりかなり高い．流動層燃焼では，N_2OとNO_xはいずれもフュエル窒素に基づくので，前者を減らそうとすると後者が増加して

3.5 石炭の利用に伴う地球環境問題とその対策　　　　　67

しまうトレードオフの関係が，多くの場合に観察される．たとえば，燃焼温度を高くすれば，N_2O は減少するものの NO_x が増加し，石灰石による脱硫効率は低下する．したがって，これらの汚染物質の同時除去には，多くの課題が残されている．現在，石炭の利用量に対する流動層燃焼の割合は小さいので，N_2O は問題にするほどではないが，将来に向けて N_2O を削減するための最適な方法の開発が必要となるであろう．

演習問題

3.1 石炭の資源的特徴に基づき，その利用面での得失を石油と比較せよ．

3.2 工業分析の結果，水分，灰分，揮発分は，それぞれ 2.5，5.3，15.2 mass % となった．その燃料比を求め，石炭を分類せよ．

3.3 元素分析の結果，炭素，水素，窒素，硫黄は，それぞれ 80.5，4.6，1.8，0.6 mass % (daf) であった．コールバンド上でこの石炭を分類せよ．

3.4 褐炭と歴青炭の性状や化学構造を比較せよ．

3.5 共有結合と非共有結合について，構造上の差異や加熱時の挙動の違いを述べよ．

3.6 粘結性について，その意味，石炭の種類による違い，利用上の重要性を考察せよ．

3.7 燃焼方式は3種類に大別される．それぞれの特徴を述べよ．

3.8 CO，CO_2，H_2O，CH_4 の標準生成エンタルピー変化は，それぞれ，-110.6，-393.7，-242.0，-74.89 kJ/mol である．これらの値を用いて，水蒸気ガス化やシフト反応の反応熱を求めよ．

3.9 石炭からの H_2 の製造法について述べよ．

3.10 H_2O と O_2（H_2O/O_2 比 2）を用いて，1400 ℃，3.0 MPa の条件下でガス化したときの平衡ガス組成を予測せよ．

3.11 水蒸気ガス化により，石炭から直接 CH_4 を製造することが可能である．どのような反応条件を設定すればよいか．

3.12 液化反応が理想的に進行すると仮定して，1000 kg の石炭から何 kg の石油が得られるか．そのとき，何 m^3 の水素が必要か．ただし，石炭と石油の元素組成は，それぞれ $CH_{0.7}$，$CH_{1.8}$ とし，石炭中の水分と灰分は 0 とする．

3.13 石油，石炭，天然ガスを完全に燃焼させたとき，発熱量あたりの CO_2 発生量を比較せよ．ただし，各々の元素組成を $CH_{1.8}$，$CH_{0.7}$，CH_4 とし，これらの標準生成エンタルピー変化を，それぞれ $+2.5$，$+13.8$，-78.49 kJ/mol とする．なお，石炭中の水分と灰分は 0 とする．

3.14 CO_2 によるチャーのガス化は，CO_2 の固定化や排出量削減に貢献できるか．この点を考察せよ．

3.15 流動層により，100 トンの石炭（無水基準で1 mass % の硫黄と 10 mass % の灰分を含む）を完全に燃焼させたとき，発生する SO_2 をすべて除去するためには，

何トンの $CaCO_3$ が必要か．その結果，残査の量は何トンになるか．

3.16 排煙脱硝法の特徴を述べよ．また，微粉炭火力発電所では，一般に，この装置は排煙脱硫装置の前段に設備されている．その理由を考察せよ．

4
天然ガス資源化学

4.1 天然ガスとは何か

　天然ガス（natural gas）とは，天然に存在する常温常圧で気体状態の可燃性炭化水素化合物の総称である．一般に80％以上がメタンで，その他に炭素数が2～5個の炭化水素と，二酸化炭素，硫化水素，水，窒素などが含まれる．天然ガスは，地球環境に優しいエネルギー資源であると同時に，化学工業原料としても利用されている．さらに，石油ほど産出地域が偏在していないこと，わが国の近海も含めて膨大な未開発資源があることなど，今後の開発と利用促進が期待されている有機資源である．

　本章では，まず，天然ガスの分類と起源について解説し，続いて資源の地域分布と埋蔵量および生産量について紹介する．その後，エネルギー資源および化学工業原料としての特徴と利用状況などについて述べる．

　天然ガスの分類はさまざまな観点から行われている．まず，利用度の観点から，資源として大量に利用されている在来型天然ガスと，開発が進んでいない非在来型天然ガスとに分類されている．次に，組成の面から，加圧により比較的容易に液化する成分（炭素数3個以上の炭化水素）を含む湿性ガス（wet gas）と，ほとんどメタンからなる乾性ガス（dry gas）とに分類されている．

　また，生産量の統計は産出形態に基づいて行われており，その場合は，地下水と一緒に産出する水溶性ガス（dissolved-in-water-type natural gas），原油とともに産出する油溶性ガス（associated gas；油田ガス，石油随伴ガス，ケーシングヘッドガス casing head gas ともいう），少量の液体とともに産出する遊離性ガス（non-associated gas；ガス田ガス，構造性ガスともいう），石炭と一緒に産出する炭田ガス（coal-field gas；石炭ガスともいう）に分類されている．そこで，

次に天然ガスの起源と分類について少しくわしく説明する.

4.1.1 在来型天然ガス

a. 油田ガス 油田ガスとは,地殻中で原油と共存しているガスで,原油中に溶解している溶解ガス (dissolved gas あるいは solution gas) と油層の上部に存在するガスキャップガス (gas-cap gas) があり,その起源は原油と同じであると考えられている.

すなわち,まず,主として生物の死骸が地殻成分の触媒作用と地圧および地熱の働きでケロージェン (kerogen) とよばれる有機高分子物質に変化する.ケロージェンが1～2％以上含まれた堆積岩(おもに泥岩)が石油根源岩 (source rock of petroleum, 母岩ともいう) となり,そのなかのケロージェンが分解されて天然ガスを生成する.

この分解は,地温が 50 ℃以下の比較的低深度(～ 1000m)の地殻中では微生物による発酵が主となるが,より深い(地下数千 m)地温の高い領域では熱分解が主となり,200 ℃以上ではメタンガスが主成分となるような分解(メタジェネシス, metagenesis) が起こる.したがって,ケロージェンの組成や分解履歴によりガスの組成が異なり,これが産出地域による天然ガス組成の差となって現れる.

天然ガスが,熱分解により生成したガス (thermogenic gas) なのか,微生物発酵により生成したガス (biogenic gas) なのかを判断する基準は二つある.一つはガスの組成であり,微生物発酵ではほとんどメタンのみが生成することから,メタン (C_1) と炭素2個以上からなる炭化水素 (C_2^+) との比 C_1/C_2^+ が 1000 以上の場合は微生物発酵起源,50 未満の場合は熱分解起源,その中間の値を示す場合は両者が混合したガスと判断される.もう一つの判断基準は,含まれるメタンの炭素13 (^{13}C) 同位体組成である.すなわち,微生物発酵は多段階の反応過程であるため,同位体効果の影響が大きく出る結果,^{13}C の存在比が異常に小さくなる.標準試料としてピーディーベレムナイト (PDB) とよばれる化石に含まれる石灰質の殻を用いると,炭素同位体組成 $\delta\ ^{13}C$ (通常千分率‰で表す,‰はパーミルと読む) は,試料の $^{13}C/^{12}C$ を A,PDB の $^{13}C/^{12}C$ を B とすると次式で表される.

$$\delta\ ^{13}C = (A/B - 1) \times 1000\ [‰\ PDB]$$

この値が－50 以下の場合は微生物発酵起源,－50～－30 の場合は熱分解起源のメタンであると判断される.

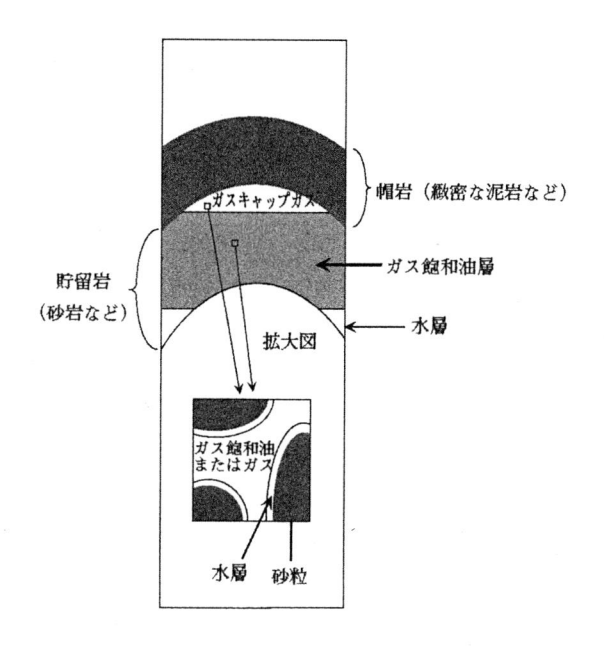

図 4.1 貯留構造の模式図

　石油根源岩中で生成したガスや原油は，比重が小さいため砂岩や石灰岩などの浸透性のある地層を上昇し，帽岩（cap rock）あるいはシール（seal）とよばれる緻密な泥岩などが上部に存在する貯留構造（図 4.1）に集積する．

　ガス成分は，貯留構造内の貯留岩（reservoir rock）中で石油層に溶解した溶解ガスとして存在するが，温度と圧力の条件により過飽和状態になるとガスとして遊離し，石油層の上部にガスキャップガス層を形成する．

　なお，油田ガスは湿性ガスであり，プロパン，ブタンを分離，加圧し，液化したものを液化石油ガス（liquefied petroleum gas：LPG）とよぶ．

　b. **ガス田ガス**　　ガス田ガスとは，油田や炭田とは関係のないガス田（gas field）とよばれる場所から産出する天然ガスである．熱分解ガスや微生物発酵メタンが地中を移動して貯留構造をもつ地殻内に貯まったものと考えられている．

　c. **水溶性ガス**　　水溶性ガスとは，地下 1000m 程度の浅い堆積岩層内の地下水中に溶存している微生物発酵メタンをいう．非在来型天然ガスに分類されている場合もある．

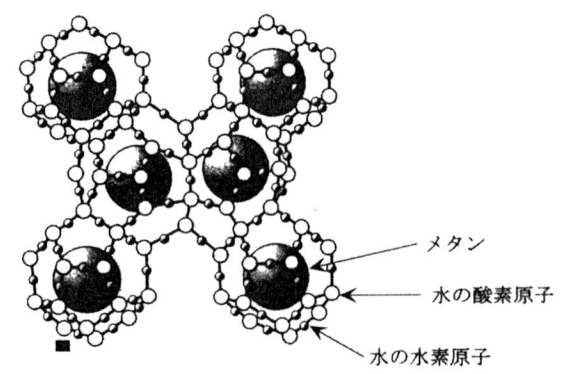

図 4.2 メタンハイドレートの分子構造（地質調査所編：地質ニュース，通巻 510 号，6，1997）

4.1.2 非在来型天然ガス

a. 炭田ガス　炭田ガスとは，おもに樹木の遺骸から生成したケロージェンが石炭化する際に発生したガスで，地熱により高度歴青炭から無煙炭へ変化する際に多く生成する．炭層から上部の貯留構造に移動して集積している遊離ガスと，炭層内で石炭中の微細孔や割れ目などに含まれたり石炭に吸着して存在する吸着ガスに分類される．後者はメタンが 95％以上の割合を占め，コールベッドメタン（coal-bed methane）とよばれる新エネルギー資源として注目されている．

b. メタンハイドレート　メタンハイドレート（methane hydrate，以下 MH と略記）とは，特定の温度圧力条件下で篭状構造の水にメタンが取り込まれてできる固体結晶状の包接化合物である（図 4.2）．MH 結晶の単位格子は 46 個の水分子と 8 個のメタン分子で構成され，理想分子式は $CH_4 \cdot 5.75\ H_2O$ で表される．この状態で $MH 1 m^3$ あたり標準状態で約 $170 m^3$ のメタンが含まれている．MH が安定に存在する条件は，水中の共存ガスや塩類の種類および濃度により変化するが，低温高圧下で安定である（図 4.3）．このため，MH 資源は永久凍土地帯の地下数百 m 程度の地層や，水深 500m より深い海底面下に存在している．MH はさまざまな大きさと形状で産出し，それらを含む地層の下にフリーガス層とよばれる天然ガスを含む地層が存在する場合も多い．また，MH は常温常圧でメタンと水に分解するため，火をつけると燃える（図 4.4）．

　一方，現時点では海底面下にある固体物質を液体または気体に変化させて地上に引き上げて利用することが技術的に困難なため，資源としての開発は進んでいない．

図 4.3 メタンハイドレートの相平衡図（小林秀男：化学, **54** (8), 31, 1999, 改変）

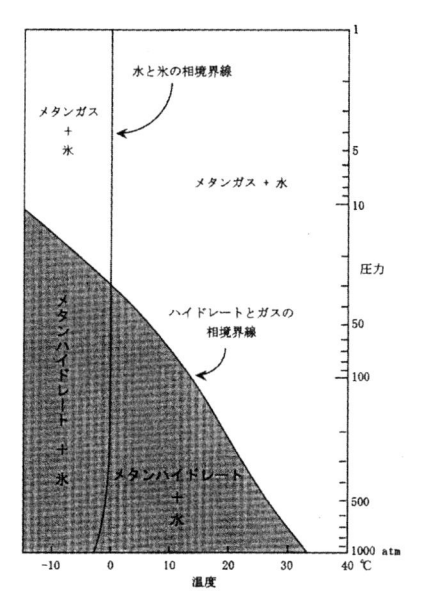

図 4.4 燃える氷：メタンハイドレート（地質調査書編：地質ニュース, 通巻 510 号, 表紙写真, 1997）

また，MH は 0 ℃，30 気圧程度の温度圧力条件下で存在可能な上，体積は標準状態ガスの約 1/150 になることから（ハイドレート結晶内空隙のメタン充足率が理論量の 70 〜 80 ％として計算した値），天然ガスの運搬，貯蔵用に利用する方法が研究されている．また，MH を氷のなかに分散した状態にすると，氷が圧力容器の働きをするため大気圧下でも分解が抑制されるという報告もあり，今後の研究が期待されている．

c. 無機起源の深層天然ガス 無機起源の深層天然ガスとは，地球深層部に存在するか，そこから上昇してくるガスであり，その起源は，地球が炭化水素を多く含む星雲ガスから形成された際，内部に大量に取り込まれた炭化水素であると考えられている．海底の熱水噴出口などから噴出している熱水中のメタンがこのような起源のものであるといわれているが，存在が証明されているわけではない．

d. タイトフォーメーションガス タイトフォーメーションガスとは，浸透率が小さい緻密な地層に含まれる天然ガスのことであり，タイトサンド（硬質砂岩）ガスやシェール（頁岩）ガスがある．ガスの浸透性が低いため採取速度が遅くなり，経済的に採取するのが難しい場合が多い．このため，まだ十分開発が進

んでいない.

e. ジオプレッシャードガス ジオプレッシャードガス（geopressured methane）とは，水溶性ガスの一種で，上部地殻の圧力を受けた異常高圧水（abnormal pressured water）に溶存するためガス濃度が高く，水 $1m^3$ あたり3～$10m^3$ のガスが溶けているといわれている．資源としての利用はほとんど行われていない．

4.2 天然ガス資源の分布と埋蔵量・生産量

4.2.1 在来型天然ガス資源の埋蔵量・生産量

世界の在来型天然ガス埋蔵量の地域分布を図 4.5 に示す．旧ソ連東欧諸国（約39％）と中東（約35％）に多く埋蔵されているが，石油（約65％）ほど中東に偏在していない．また，確認可採埋蔵量（proved recoverable reserves）は 145.7 兆 m^3（1999 年末現在）と見積もられており，可採年数も約 62 年で石油以上になっている．この量はエネルギー換算（原油換算）で石油の確認可採埋蔵量の約 90％に相当し，さらに，究極可採埋蔵量（ultimate recoverable reserves）は 330 兆 m^3 と推定されていることから，天然ガスは在来型に限っても石油に匹敵する資源であるといえる．

ここで，本節で用いられる種々の用語について解説しておく．まず，"埋蔵量"という言葉は，その存在が信頼できる手法により確認されている場合に用い，それ以外の推測値の場合は"資源量"という言葉を用いる．さらに，"埋蔵量"は，対象となるガス層内のガス総量を意味する"原始埋蔵量"（original gas-in-place）と，現在の技術で経済的に回収利用可能な量を意味する"確認可採埋蔵量"，さ

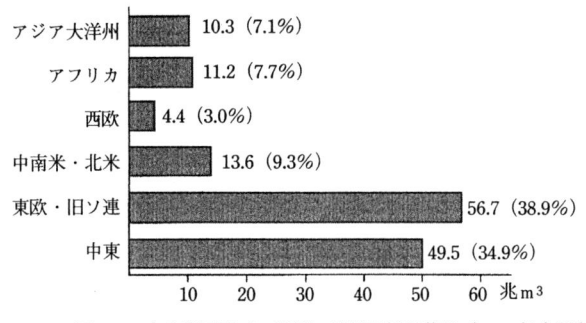

地域	埋蔵量（兆m^3）
アジア大洋州	10.3 (7.1%)
アフリカ	11.2 (7.7%)
西欧	4.4 (3.0%)
中南米・北米	13.6 (9.3%)
東欧・旧ソ連	56.7 (38.9%)
中東	49.5 (34.9%)

図 4.5 在来型天然ガス資源の確認可採埋蔵量（1999 年末現在）
（Oil & Gas Journal, Dec. 20, 1999 より作成）

らに将来的にみて技術的経済的に生産可能になると予想される量を含む"究極可採埋蔵量"に分類される.

また,"可採年数"(ratio of reserves to production)とは,年度末時点の確認可採埋蔵量(R)を年間生産量(P)で割った値で,R/Pと略記される.

エネルギー換算とは,各種エネルギー資源の量を平均発熱量を基準にして原油の量に換算する方法である.原油の平均発熱量は$3.87 \times 10^7 kJ/m^3$とする.天然ガスの場合,平均発熱量は$4.10 \times 10^4 \ kJ/m^3$なので,1億$m^3$が原油10.6万$m^3$に相当することになる.なお,欧米の統計では原油がバレル単位(bbl,1 bbl = $0.159 m^3$),天然ガスが立方フィート単位(cf,1 cf = $0.0283 \ m^3$)で表記されていることがある.たとえば,145.7兆m^3は5148 Tcf(trillion cubic feet,trillion = 10^{12})となる.

世界の天然ガス生産量は1997年で2.3兆m^3となっているが,1970年と比べると約2倍に増えている.また,一次エネルギー(primary energy;化石燃料などの自然界に存在するエネルギーで人間が利用可能なもの)のなかに占める割合もほとんどの国で増加しており,利用が拡大している.

わが国のガス田ガスの確認可採埋蔵量は1997年末時点で約400億m^3程度であり,世界全体の0.1%にすぎないが,水溶性ガスの確認可採埋蔵量は7000億m^3と比較的多い.また,わが国における天然ガス生産量は1997年度で23億m^3であり,その約22%が水溶性ガスで,約76%がガス田ガスである.現在,水溶性ガスを商業的に生産しているのは世界でわが国だけであるが,世界全体の資源量はかなり多いものと考えられている.わが国では,ガスを分離した地下水からヨ

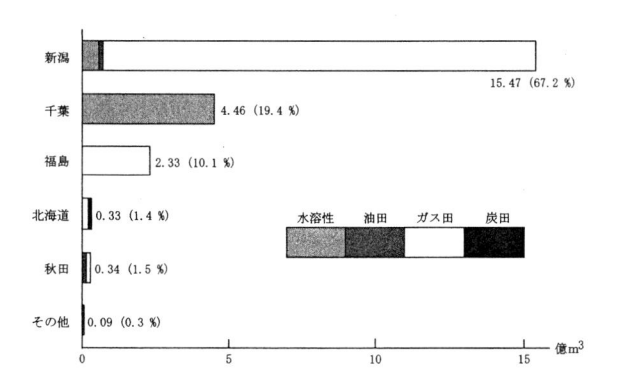

図 **4.6** 日本の地域別天然ガス生産量(1997年度)(日本エネルギー学会誌,**78**(7),540,1999より作成)

ウ素を分離生産しているため,コスト的に水溶性ガスの商業的生産が可能になっている.わが国における天然ガス生産量の地域分布を図4.6に示すが,新潟,千葉,福島の産出量が多い.一方,量的には天然ガス総供給量の約3%にすぎず,約97%を輸入に頼っている.

4.2.2 非在来型天然ガス資源の資源量

非在来型天然ガスの資源量は,まだ調査が十分行われていなかったり,調査法自体が確立されていない場合もあり,各種資料に報告されている値にもかなり幅がある.以下,資源量が推定されているガスについて利用状況を含めて紹介するが,現時点でも推定資源量は膨大であり,在来型天然ガスの確認可採埋蔵量以上の資源量が存在するといわれている.

a. コールベッドメタン コールベッドメタンの資源量は,石炭の資源量と比例すると考えられ,その分布も石炭と同様,ロシア,中国,米国,カナダ,オーストラリアなどに多いと考えられる.世界の資源量については,少なくとも84兆 m^3 以上存在するものと推定されている.米国では年間230億 m^3 以上生産されており,中国でも膨大な資源量があることから開発が進められている.わが

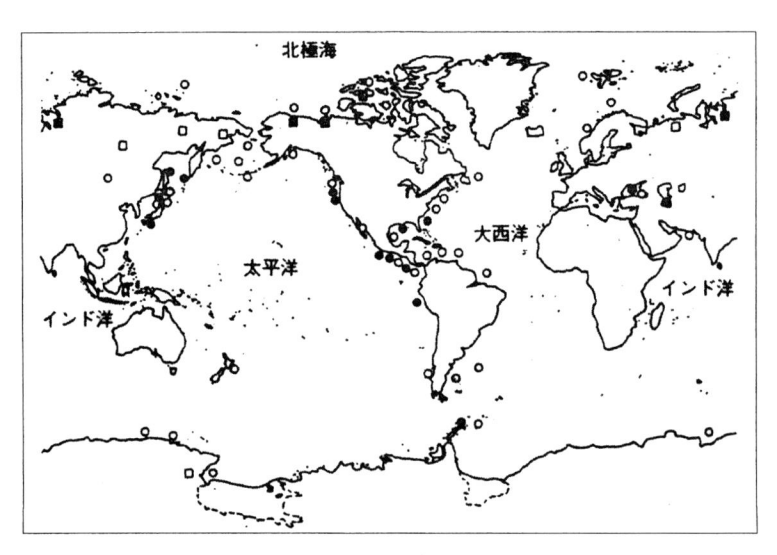

図4.7 世界におけるメタンハイドレートの分布図(日本エネルギー学会編:よくわかる天然ガス,p.24,日本エネルギー学会,1999)
○および●は海域,□および■は陸域を表す.●および■は試料が採取されている場所であり,○および□は存在が推定されている場所である.

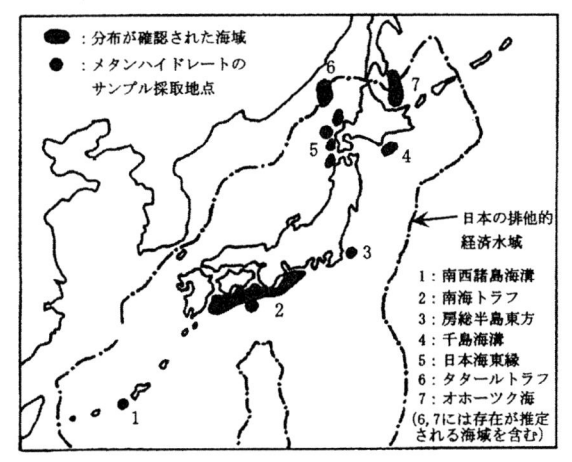

図 4.8 日本周辺海域のメタンハイドレート分布（エネルギー総合工学研究所ホームページ，改変）

国では，コールベッドメタンは炭鉱爆発やガス突出などの原因ともなるため，石炭の採掘前にボーリングなどにより排除しており，資源としての生産は北海道で年間約 1000 万 m^3（1997 年度）採取されている程度で，ほとんど行われていない．一方，資源量は在来型天然ガスの確認可採埋蔵量の約 6 倍（2500 億 m^3）程度あるものと推定されている．

b. メタンハイドレート　メタンハイドレートは，フリーガスを含めると在来型天然ガスの究極可採埋蔵量に匹敵する 400 兆 m^3 以上の資源量があるものと見積もられており，陸域ではシベリアやアラスカの永久凍土地帯に，海域ではオホーツク海，メキシコ湾やわが国周辺に存在している（図 4.7，図 4.8）．わが国でも現在の天然ガス年間消費量の 100 年分以上に相当する 7 兆 m^3 以上の資源量があると推定されており，ごく最近でも，浜松市沖の海底に世界最高のメタンハイドレート含有率（約 20 %）の砂岩層が発見されている．このため，21 世紀中頃には天然ガス資源の中心的役割を果たすことが期待されており，採掘技術の開発が待たれている．

4.3 天然ガスの輸送法と貿易

4.3.1 天然ガスの輸送法

天然ガスをそのままの状態で輸送する方法は，ガスの密度が小さいため経済的に成り立たない．そのため，天然ガスは 8 MPa 程度の高圧にしてパイプライン

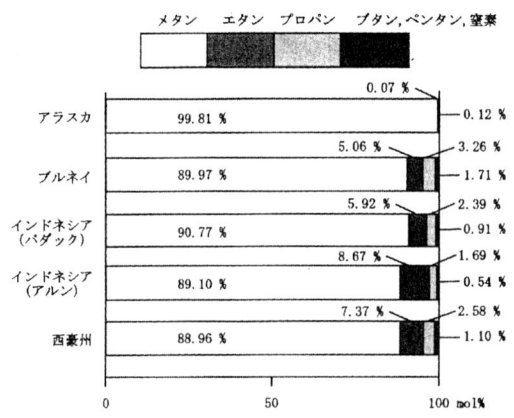

図 4.9 輸入 LNG の組成例（日本 LNG 会議：LNG 便覧, p.31, 1981 より作成）

表 4.1 LNG 中の不純物ガイドライン（日本エネルギー学会天然ガス部会編, 1999）

成分	濃度
二酸化炭素	50 ～ 100 ppm mole
硫化水素	＜ 4 ppm mole
全硫黄分	30 mg/Nm³
窒素	＜ 1 % mole
水分	＜ 0.1 % mole
芳香族	＜ 1 ppm mole
C_5 以上の炭化水素	＜ 0.1 % mole
水銀	＜ 0.01 μg/Nm³

により輸送する方法と，－162 ℃に冷却して液化した液化天然ガス (liquefied natural gas：LNG) として専用タンカーで輸送する方法により運搬利用されている．

　LNG はパイプラインで送られた天然ガスを液化して製造されるが，この際 CO_2 や H_2S などの酸性ガスおよび水分を除去するため（表 4.1），炭化水素以外の成分がほとんど含まれないという特徴がある（図 4.9）．

4.3.2 天然ガスの貿易

　天然ガスの地域別生産量と消費量を図 4.10 に示すが，西欧，北米・中南米，アジア・大洋州，旧ソ連・東欧は生産量，消費量ともに大きいのに対し，中東，アフリカはどちらも少ない．また，年間生産量の約 80 ％は生産国内で消費されており，残りの約 20 ％が国際市場で取引されている．

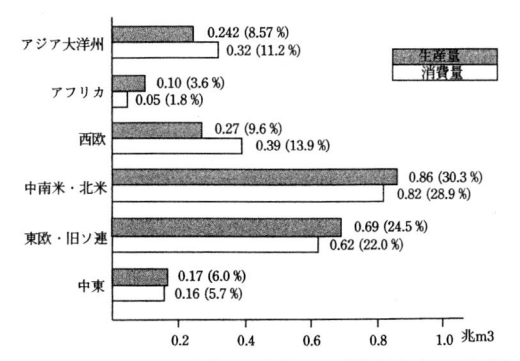

図4.10 天然ガスの地域別生産量および消費量（1997年度）
（日本エネルギー学会誌，**79**(3)，158，2000より作成）

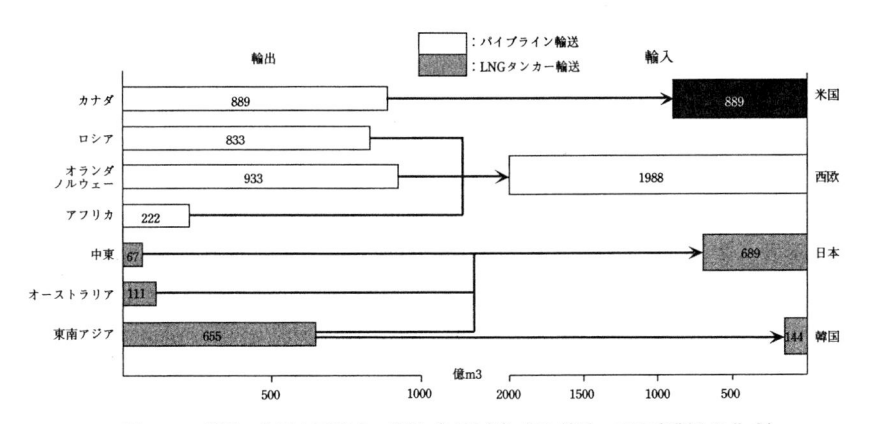

図4.11 世界の主要な天然ガス貿易（1996年）（BP統計，1997年版より作成）

図4.11に世界の主要な天然ガス貿易を示すが，国際貿易量の76％がパイプラインにより輸送され，残りがLNGタンカーによる輸送となっている．

わが国は，世界のLNG流通量の60％以上を輸入しており，供給国はインドネシア，マレーシア，ブルネイといった東南アジア諸国が約80％を占め，その他オーストラリア，アブダビ，カタール，アラスカなどからも輸入している．

パイプライン経由の貿易はロシアとオランダ，ノルウェーから西欧への輸出，および，カナダから米国への輸出がそのほとんどを占めている．

4.4 天然ガスのエネルギー資源としての環境調和性と利用法

天然ガスの約90％はエネルギー資源として利用されているが，利用量は年々

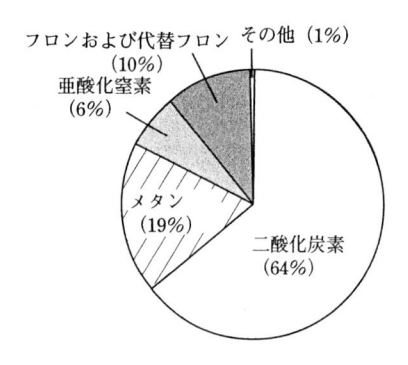

図 4.12　地球温暖化に対する各種温室効果ガスの寄与率（IPCC：第二次評価報告書，1995 年 12 月より作成）

増大している．その理由としては，オイルショック以来のエネルギー源の多様化への要求と，環境に対する配慮があげられる．

すなわち，近年，地球温暖化により気候が大きく変化することや，氷河が融解して海水面が上昇することなどが懸念されている．地球温暖化の一因として，人間のさまざまな活動に伴い大気中に放出される二酸化炭素，メタン，亜酸化窒素，フロンなどのいわゆる温室効果ガス（greenhouse gas）の濃度増大が指摘されている．

温室効果ガスは，太陽光は通過させるが熱（赤外線）を吸収するため，結果的に地球表面から反射される太陽光の赤外線成分が大気圏外に放散するのを妨げ，大気温度の上昇を引き起こす．図 4.12 に温室効果ガスの地球温暖化への寄与率

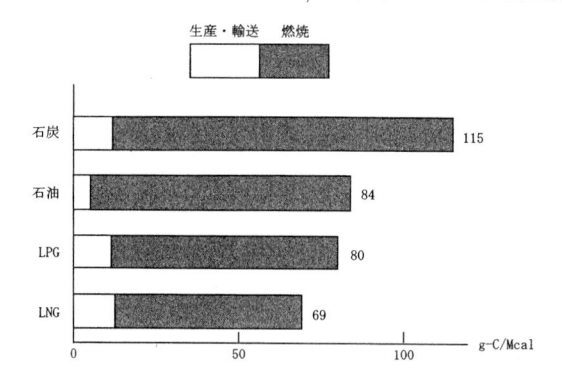

図 4.13　ライフサイクル二酸化炭素排出量（日本エネルギー学会編：よくわかる天然ガス，p. 194，日本エネルギー学会，1999 より作成）

（世界全体）を示すが，現時点では二酸化炭素の寄与が最も大きいことがわかる．

したがって，地球温暖化を防ぐために二酸化炭素発生量を減らすことが要求され，省エネルギーとともに基本的に温室効果ガスの発生量が少ないエネルギー源への転換が要求されている．

天然ガス，とくに LNG は，燃焼時に酸性雨（acid rain）の原因となる硫黄酸化物（SO_x）をほとんど排出しないことと，石油や石炭と比べて二酸化炭素排出原単位（CO_2 emission per kcal；単位エネルギーあたりの発生量）およびライフサイクル（採掘から消費に至る全過程）での二酸化炭素発生量のいずれも少ないことから（図 4.13），石油や石炭に変わる環境に優しいエネルギー源として注目されている．

天然ガス燃焼時の二酸化炭素発生量が少ない理由は，主成分であるメタンが単結合のなかで最大の解離エネルギー（435 kJ / mol）を有する C－H 結合を 4 個含み，炭化水素のなかで最も炭素の含有率が少ない分子であるため，単位重量あたりの発熱量が最も大きく，逆に二酸化炭素発生量は最も少ないからである．

下式に示す熱化学方程式で表されるように，燃焼によりメタン 1 mol（16.04 g）あたり 803.2 kJ の熱が発生する．一方，たとえばヘキサン 1 mol（86.17 g）からは 4092 kJ の熱が発生する．したがって，単位重量あたりの発熱量はメタン（50.07 kJ/g）の方がヘキサン（47.49 kJ/g）の 1.054 倍多く，単位発熱量あたりの二酸化炭素発生量はヘキサン（1.466 mol/MJ）の方がメタン（1.245 mol/MJ）の 1.178 倍多いことになる．

$$CH_4 + 2O_2 = CO_2 + 2H_2O + 803.2 \text{ kJ}$$
$$C_6H_{14} + 19/2O_2 = 6CO_2 + 7H_2O + 4092 \text{ kJ}$$

1998 年における世界の一次エネルギー消費量の燃料別内訳をみると，24 ％が天然ガスによりまかなわれているが，わが国では天然ガスの占める割合は 12.3 ％とまだ少ないのが現状である．このため，今後わが国においても一次エネルギー供給源の天然ガスへの転換がさらに進むことが考えられる．以下，現在実用化ないしは検討されている天然ガスの利用法について説明する．

4.4.1　LNG 火力発電の燃料としての利用・特徴

LNG は，硫黄分をほとんど含まないことから燃焼時に SO_x の発生が無視できること，芳香族成分を含まないため煤塵の発生がないこと，二酸化炭素や窒素酸化物の発生が他の燃料に比べて少ないことなど，火力発電の原料として環境面で

すぐれた特性がある．さらに，供給源の多様化，供給安定性の確保など政策的な意味合いからも LNG の火力発電への利用が促進されている．わが国では，現在，総発電電力量の約 25 ％が LNG 火力発電により供給されている．コンバインドサイクル発電方式（combined cycle power generation；LNG を液化する際に高圧のガスを発生させてまずガスタービンによる発電を行い，その後ガスをボイラーで燃焼させて蒸気タービン発電を行う方式）が主流であり，50 ％近い高い熱効率（thermal efficiency；供給された熱量に対する発生有効仕事（発電の場合は電気量であり，熱量に換算して計算に用いる）の比）が得られている．

4.4.2 都市ガス原料としての利用

わが国の都市ガスは，二次エネルギー（secondary energy；電力や都市ガスのように一次エネルギーを使いやすく変換・加工したもの）総量の 5.5 ％（1996 年度末）を占めるが，原料の 83 ％が天然ガスであり，家庭用のほかに工業用や商業用にも利用されている．天然ガスを原料に用いると，一酸化炭素のない都市ガスを供給できるため，漏洩ガスによる一酸化炭素中毒を防げる利点もある．わが国では，一般家庭用エネルギー源としての利用以外に，以下のような利用システムが開発されている．

a. 熱併給発電 熱併給発電（heat and power co-generation，コジェネレーション）とは，都市ガスの燃焼によりタービンまたはエンジンを動かして発電すると同時に，排気ガスや冷却水の廃熱を温水や蒸気として回収して冷房や給湯，暖房に利用するエネルギー利用システムのことをいう．このシステムでは，総合効率（combined efficiency）が 70 ～ 80 ％にも及ぶことから，病院やホテル，大型ビルなどのエネルギー供給システムとして導入が進んでいる．なお，総合効率とは，一次エネルギーの二次エネルギーへの変換効率（conversion efficiency）と二次エネルギーの輸送，貯蔵，最終利用の効率をすべて考慮した変換効率をいう．また，変換効率とは，それぞれの過程でエネルギー E_a が入力された際に E_b が出力される場合，E_b/E_a をいう．

b. ガス冷房 ガス冷房は，フロンをまったく使わないため環境面ですぐれている上，電力の夏季ピーク緩和にも役立つことから，すでに東京ドームや両国国技館などの大型施設で利用されている．わが国における業務用ビルのガス冷房シェアは 1998 年度末で 18.7 ％であり，今後は家庭用へ普及することが期待されている．

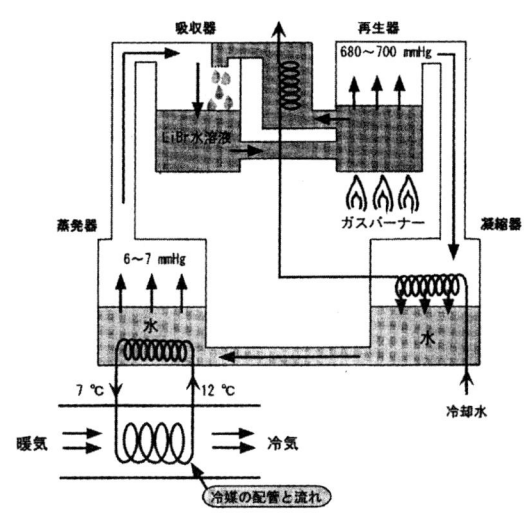

図 4.14 ガス冷房システムの概念図

ガス冷房法は，冷媒（refrigerant）および冷媒再冷却剤として水を用いるところが特徴である．冷媒とは，冷凍機において低温源と冷却される物体の間で熱を運ぶ流体のことをいう．システムの概念図を図4.14に示す．

まず，室内空気を冷却して温度が12℃程度に上昇した冷媒を，冷媒再冷却用の水が入った減圧容器（6～7mmHg，水の沸点は5℃程度になっている）内の熱交換器に通すことにより冷媒再冷却水を蒸発させる．この過程で冷媒は7℃程度に再冷却される．また，この過程で生じた冷媒再冷却水の蒸気は，水蒸気吸収剤（臭化リチウム水溶液）に吸収される．濃度が薄くなった水蒸気吸収剤は別の減圧容器（680～700mmHg）に移送し，都市ガスを利用したガスバーナーで加熱して吸収した水分を蒸発させ，もとの濃度まで濃縮する．この段階で生成した水蒸気は，冷却水により凝縮器で熱交換されて凝縮し，再び冷媒冷却水に再生される．

4.4.3 自動車燃料としての利用

現在，わが国のタクシーなどで利用されているガス燃料はLPGであるが，メタンを主成分とする天然ガスは，オクタン価が高く耐ノッキング性がすぐれているため，エンジンの圧縮比を高めて燃焼効率を高めることができること，芳香族成分を含まないため，粒子状物質がほとんど排出されないことなど，自動車燃料としてすぐれた性質を持っている．このため，天然ガスを約 20 MPa まで圧縮し

た圧縮天然ガス（compressed natural gas, CNG）を燃料として利用する低公害天然ガス自動車の普及が期待されている．世界的にみると，ロシア，アルゼンチン，イタリアなどの天然ガス産出国を中心に100万台以上の天然ガス自動車が利用されている．一方，わが国では，2001年末時点で約1万台が利用されているにすぎず，充塡設備も100か所を超えたばかりであるが，ディーゼル車の排気ガス規制が進むにつれて，今後急速に普及することも予想される．

4.4.4 LNGのもつ冷熱の利用

LNGは超低温の液体であることから，1kgあたり約840kJの冷熱（cold energy；常温より温度の低い熱エネルギー）を有する．LNGを利用する際には気化させて用いるが，この際，熱源が必要であり，熱源となる物質は熱交換により冷却されることになる．したがって，冷却したい物質を熱源にすることで冷熱の有効利用ができることになる．わが国では，現在，LNGの冷熱は炭酸ガスから液化炭酸やドライアイスの製造，冷蔵倉庫用の冷媒の製造などに利用されている．また，沸点の差を利用して常温で気体の物質を冷却液化して分離する目的，たとえば空気からの窒素と酸素の分離，などにも利用されている．さらに，LNGが気化する際の体積膨張による圧力を利用した冷熱発電（cryogenic power generation）も行われている．

4.4.5 燃料電池用燃料としての利用

燃料電池（fuel cells）とは，外部から燃料と酸化剤を供給して電池内で酸化還

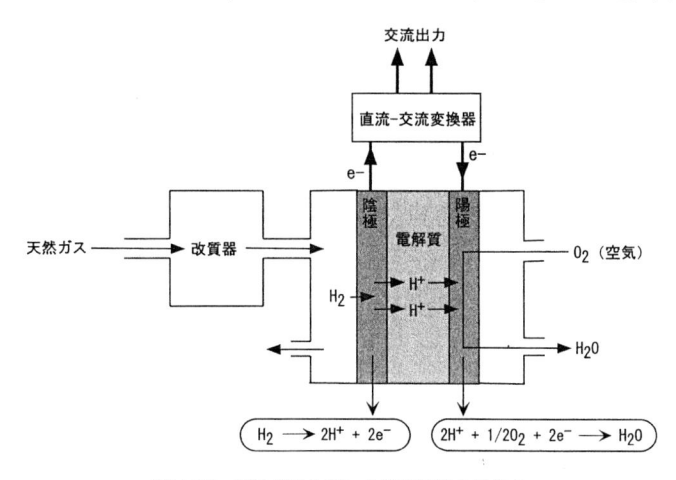

図4.15 天然ガスを用いる燃料電池の仕組み

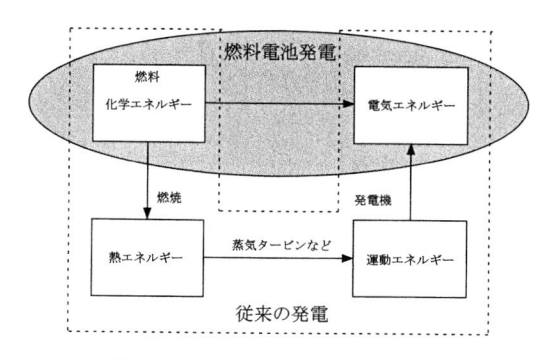

図4.16 燃料電池発電と従来の発電

元反応を行って電極に電子を放出させ，その電子を外部回路に通じて利用する電池である（図4.15）．このため，燃料と酸化剤を供給し続ければ電池として機能し続ける．燃料電池の特徴は，燃料のもつ化学エネルギーを熱や運動エネルギーに変換する過程を含まないで電気エネルギーに変換するため，40〜60％と高い発電効率（power generation efficiency）が期待されることと（図4.16），窒素酸化物などの排出が少ないことで，環境面からもその実用化が期待されている．なお，発電効率とは，原動機への入力エネルギーに対する発電機からの出力エネルギーの割合をいう．実際に燃料電池内で燃料として利用されるのは水素であるため，天然ガスを利用する燃料電池は，天然ガスを水素に変換する装置（改質器，4.5節参照）を有する．

4.5 天然ガス資源の化学的変換法とその特徴

天然ガスの化学的変換（図4.17）は，輸送や貯蔵がしやすい液体物質（燃料）への変換と，基礎化学製品の製造を目的に行われている．現在，天然ガス利用量の約10％が化学的変換に用いられている．

天然ガスの主成分であるメタンの利用法には，いったん一酸化炭素と水素の混合物である合成ガス（synthesis gas）に変換してから各種化学製品を合成する間接転換法と，メタンを直接化学製品に転換する直接転換法があるが，現在の主流は間接転換法である．

合成ガスやその反応で得られるメタノールなど，炭素原子1個からなる原料を利用する化学製品製造プロセスは C_1 化学とよばれ，化学製品原料の多様化と脱石油依存の観点から実用化が進められている．

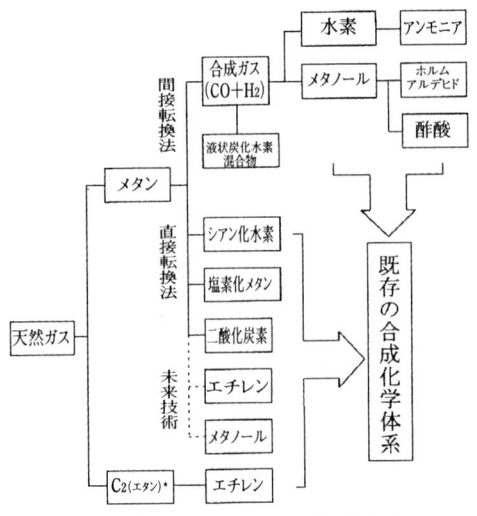

図4.17 天然ガスの化学的変換

　また，現在，中小規模ガス田の天然ガスは，採算性の問題から多大な開発投資を必要とするLNG化ができないため，ほとんど開発が進んでいない．このため，中小ガス田のガスを経済的に運搬利用するための手段として，天然ガスをメタノールや液状炭化水素混合物（合成ガソリン）などの液体燃料に転換する技術の開発が注目されている．経済的な液化技術が開発できれば，天然ガスの確認可採埋蔵量は大幅に増加するといわれている．

　したがって，天然ガス，特に主成分であるメタンの化学的変換法の開発は，今後ますます重要性を増すものと考えられる．そこで本節では，まず，メタンの最も重要な用途である合成ガスへの変換と，合成ガスのおもな利用法および代表的なC_1化学製品の製造法について述べる．次に，メタンから合成ガスを経由しないで製造される化学製品について解説し，続いて，将来の実用化が期待され，現在盛んに研究されているメタンの直接変換法について紹介する．最後に，天然ガス中に含まれるエタンなどの少量成分を利用した化学製品製造プロセスについて述べる．

4.5.1 メタンを原料に用いる合成ガス製造法

　合成ガスは，さまざまな化学製品の合成原料となるため種々の炭素資源から製造されるが，メタンからの工業的製造はおもに水蒸気改質法（steam reforming）により行われている．一方，より高い経済性の実現や低品位天然ガスの利用を目

指して，部分酸化法（partial oxidation），炭酸ガス改質法（CO_2 reforming），複合改質法（combined reforming または parallel reforming）などの技術も開発されている．なお，複合改質法は水蒸気改質法と部分酸化法を組み合わせて効率を高めた方法である．

a. 水蒸気改質法　水蒸気改質法は，メタンと水から合成ガスを製造する方法で（式 (4.1)），通常，アルミナに担持したニッケル触媒を用いて 2～4 MPa，800～900 ℃で行われている．メタンの水素と炭素の比（H/C）は炭化水素中最大であることから，メタンを原料に水蒸気改質法で合成ガスを製造すると，生成物中の水素と一酸化炭素の比（H_2/CO）は最大（＝3）となる．このため，メタンは水素の製造原料としても利用され，得られた合成ガスを分離精製することにより純粋な水素が製造される．世界的には，水素の76％がこの方法で製造されている．

$$CH_4 + H_2O = CO + 3H_2 - 206\,kJ \qquad (4.1)$$

b. 部分酸化法　部分酸化法とは，触媒を用いてメタンと酸素から合成ガスを得る反応で（式 (4.2)），50年以上前から知られていたが，最近，合成ガスの製造法として注目を集めるようになった．

この反応は大きな発熱反応であることから，平衡転化率（equilibrium conversion）は室温でもほぼ100％になる．平衡転化率とは，化学平衡時に原料成分がどの程度反応しているかを示す数値で，（反応した原料の量/仕込み原料量）×100（％）で表される．また，生成物の H_2/CO は2となるのが特徴である．触媒として白金，ロジウムを用い，900～1100 ℃の高温下，10^{-4}～10^{-2} 秒というきわめて短い反応器滞在時間で反応を行うと合成ガスが得られる．この方法は触媒との接触時間が短いため反応器を小型化できるという利点があり，発熱反応であるためエネルギー効率もよい．水蒸気改質法に比べて約30％のコストダウンも可能といわれる．

$$CH_4 + 1/2O_2 = CO + 2H_2 + 35.7\,kJ \qquad (4.2)$$

c. 炭酸ガス改質法　天然ガスの利用範囲が広がるにつれて，炭酸ガスを多く含む低品位天然ガスの利用技術が重要になってきた．炭酸ガス改質法は，多量の炭酸ガスが共存する条件下でメタンから合成ガスを製造する方法である（式 (4.3)）．この反応の特徴は生成物の H_2/CO が1になることである．本反応は大きな吸熱反応であるため，ニッケルや白金触媒を用いて 900 ℃以上の高温で行う．

この方法の問題点は触媒上への炭素析出であり，この炭素析出を防ぐための触媒開発や反応器の工夫が進められている．

$$CH_4 + CO_2 = 2CO + 2H_2 - 247\,kJ \qquad (4.3)$$

4.5.2　合成ガスからの化学製品製造法

a. 合成ガスからのアンモニア製造法　アンモニア製造原料の約80％は天然ガスであり，合成ガスを経て製造される（式(4.4)）．反応に必要なのは水素と窒素であるため，まず，水蒸気改質法と空気を酸素源に利用した部分酸化法を併用し，アンモニア合成に適した比率（$N_2：H_2 = 1：3$）の窒素と水素を含む合成ガスを製造する．その後，不要の一酸化炭素を除去して原料ガスとし，アンモニア合成工程に供給する．アンモニア合成は，鉄系触媒を用いて450～550℃，15～40 MPaの条件下で行われる．

$$N_2 + 3H_2 = 2NH_3 + 92\,kJ \qquad (4.4)$$

b. 合成ガスからのメタノール製造法　現在，メタノールは世界で約2800万トンの年間需要があり，使用量は毎年増加している．製造原料の約70％は天然ガスであり，合成ガスを経て製造されている（式(4.5)）．この反応は，発熱反応であるため低温ほど平衡転化率が高くなるが，十分な反応速度を得るために銅，亜鉛系触媒を用いて200～300℃，5～15 MPaの条件下で行われる．

$$CO + 2H_2 = CH_3OH + 90.4\,kJ \qquad (4.5)$$

c. 合成ガスからのフィッシャー-トロプシュ合成　フィッシャー-トロプシュ（Fischer-Tropsch）合成（F・T合成）は，合成ガスから液状炭化水素を製造する方法で（式(4.6)），古くから工業化されている．現在，わが国では行われていないが，南アフリカやマレーシアでは工業的に実施されている．反応は発熱反応であり，鉄およびコバルト触媒などを用いて220～350℃，1～3 MPaの条件下で行われる．生成油は$n = 1 \sim 100$の炭化水素混合物であり，ガソリン成分からワックス成分まで含む．この方法で得られるガソリン成分は，硫黄分を含まないため燃料として環境面ですぐれている．

$$CO + 2H_2 = H{\mathord{-}}(CH_2){\mathord{-}}_nH + H_2O + 146\,kJ \qquad (4.6)$$

4.5.3　メタノールからの化学製品製造法

メタノールは需要量の10％程度が燃料として利用されているが，残り約90％はホルムアルデヒドや酢酸のような基礎化学製品の原料として使用されている．以下に，メタノールの代表的な利用法を示す．

a. メタノールからのガソリン製造法（methanol to gasoline : MTG）
メタノールは，4.5.2項で示したように天然ガスから合成ガスを経て合成できることから，メタノールを液状炭化水素混合物に変換する技術が開発されており，ニュージーランドでは商業生産が行われている．メタノールは，まず脱水縮合によりジメチルエーテルに変換され，続いて，ZSM-5型ゼオライト触媒による脱水素，重合，異性化，環化などの複雑な過程を経て液状炭化水素混合物に変換される．ゼオライトとは，1nm以下の細孔を持つ多孔質の結晶性アルミノケイ酸塩であり，イオン交換能を示すことを利用してプロトン酸性またはルイス酸性を発現できる．ZSM-5型ゼオライトは直径約0.55nmの細孔をもち，$Na_2(AlO_2)_2(SiO_2)_{94}$の組成式をもつ．

b. メタノールからのホルムアルデヒド製造法　ホルムアルデヒドは，フェノール樹脂をはじめさまざまなプラスチックの原料として用いられている．ホルムアルデヒドはメタノールを適当な脱水素能力をもつ銀触媒などを用いて600～700℃で脱水素反応（式（4.7））を行わせると得られる．一方，この反応は吸熱反応であるため，一般には同時に酸素を共存させることによりメタノールの酸化反応（式（4.8））を併発させ，反応熱を供給する方法で行われる．反応は600～650℃，0.03～0.05MPaの条件下で行われる．

$$CH_3OH = HCHO + H_2 - 84\,kJ \tag{4.7}$$

$$CH_3OH + 1/2O_2 = HCHO + H_2O + 159\,kJ \tag{4.8}$$

c. メタノールからの酢酸製造法（Monsant法）　酢酸は従来アセトアルデヒドの酸化反応で製造されていたが，現在では，おもにメタノールと一酸化炭素を反応させる方法で製造されている（式（4.9））．反応は，触媒としてロジウム錯体触媒，助触媒としてヨウ素を用いて170～200℃，2～3MPaの条件下で行われる．

$$CH_3OH + CO \longrightarrow CH_3COOH \tag{4.9}$$

4.5.4　メタンを原料とする直接的化学製品製造法

a. メタンからのシアン化水素製造法　シアン化水素は，メタンとアンモニアおよび空気から白金触媒を用いて約1000℃，常圧，短時間の条件下で合成される（式（4.10））．未反応のアンモニアを硫酸アンモニウムに変換後，水溶液からシアン化水素を蒸留して精製する．

$$CH_4 + NH_3 + 3/2O_2 = HCN + 3H_2O + 473\,kJ \tag{4.10}$$

b. メタンからのクロロメタン類製造法　代表的な製造法としてメタンの熱的塩素化法がある．塩素とメタンを 350 ～ 370 ℃で反応させると，大きな発熱を伴うラジカル反応により塩化メチル，塩化メチレン，クロロホルム，および四塩化炭素の混合物が得られる（式 (4.11)～(4.14)）．生成物組成は原料中のメタンと塩素の混合比を変えると変化する．$Cl_2 / CH_4 = 1.7$ の場合，塩化メチル約 60％，塩化メチレン約 30％，クロロホルム約 10％，残りが四塩化炭素となる．副生する塩化水素を水で洗浄して除いた後，蒸留により各成分に分離する．

$$CH_4 + Cl_2 \longrightarrow CH_3Cl + HCl \qquad (4.11)$$
$$CH_3Cl + Cl_2 \longrightarrow CH_2Cl_2 + HCl \qquad (4.12)$$
$$CH_2Cl_2 + Cl_2 \longrightarrow CHCl_3 + HCl \qquad (4.13)$$
$$CHCl_3 + Cl_2 \longrightarrow CCl_4 + HCl \qquad (4.14)$$

c. メタンからの二硫化炭素製造法　メタンと硫黄の蒸気を約 700 ℃で反応させると，二硫化炭素と硫化水素の混合物が得られる（式 (4.15)）．副生する硫化水素を酸素との反応で硫黄に変換した後（式 (4.16)），再度メタンと反応させることで，式 (4.17) の全反応により二硫化炭素が得られる．

$$CH_4 + 4S \longrightarrow CS_2 + 2H_2S \qquad (4.15)$$
$$2H_2S + O_2 \longrightarrow 2S + 2H_2O \qquad (4.16)$$
$$CH_4 + 2S + O_2 \longrightarrow CS_2 + 2H_2O \qquad (4.17)$$

4.5.5　今後実用化が期待されるメタンの直接活性化法

メタンから直接化学製品を合成するプロセスは，コスト高の原因となる合成ガス製造工程を省くことができるため，有力な製造技術として期待されている．以下に，現在検討が進められている技術について述べる．

a. メタンのカップリング反応を経由する液状炭化水素合成法　メタンのカップリング反応による C_2 以上の炭化水素合成は，天然ガスの液体燃料化による運搬・貯蔵の容易化という観点からも重要な反応である．金属触媒を用いてメタンと酸素を 700 ～ 800 ℃で反応させると，かなり高い選択性でエチレンなどの酸化カップリング生成物が得られる（式 (4.18)）．この反応は中間にメチルラジカルを経由し，そのカップリング生成物であるエタンが酸素により脱水素されてエチレンになると考えられている．触媒として Na/La/Nb（1 : 1 : 0.2）を用いて，$CH_4/O_2 = 9$，反応温度 750 ℃という条件下で反応を行うと，メタン転化率 15.3％，C_2^+ 選択率 76％という結果が得られている．

$$2CH_4 + O_2 = C_2H_4 + 2H_2O + 278 \text{ kJ} \tag{4.18}$$

また,メタンを水素とともに1100℃以上に加熱するとメチルラジカルが発生し,カップリング反応によりエチレンなどが得られることが知られている.高温を必要とするが,副生成物がほぼ炭素のみであることから注目される.

以上の反応で得られたエチレンを主成分とするC_2^+炭化水素は,ゼオライト触媒を用いる低重合反応により液状炭化水素混合物に変換できるが,収率など経済性の面で検討の余地があるため,まだ実用化はされていない.

b. メタンからのメタノール製造法 メタンから直接メタノールを合成できれば,天然ガスを原料とするC_1化学工業が大きく発展することが期待される.このため,古くからメタンの部分酸化によるメタノール合成法が検討されてきた(式 (4.19)).しかし,メタノールを生成する条件下ではメタノールの二酸化炭素と水への転換も進行するため,満足できる収率が得られていない.たとえば,メタンと酸素の混合ガスを380℃,7 MPaで無触媒条件下反応させると,メタン転化率11.3%で,メタノール選択性73%という結果が得られるが,実用化できていない.

$$2CH_4 + O_2 \longrightarrow 2CH_3OH \tag{4.19}$$

このため,多段階の化学反応を組み合わせてメタンをメタノールに変換する方法も研究されている.たとえば,式 (4.20)〜(4.22) に示すような白金やアンチモン触媒を用いる塩化メタン (X = Cl) または臭化メタン (X = Br) を経由する合成法が提案されている.

$$CH_4 + X_2 \longrightarrow CH_3X + HX \tag{4.20}$$
$$CH_3X + H_2O \longrightarrow CH_3OH + HX \tag{4.21}$$
$$2HX + 1/2 O_2 \longrightarrow H_2O + X_2 \tag{4.22}$$

また,メタンを白金錯体触媒を用いる硫酸酸化によりメタノールの硫酸エステルにする反応が報告されている(式 (4.23)).この方法では,生成した硫酸エステルがこれ以上の酸化に対して安定なので,メタンの転化率を上げても高収率が得られ,72%という収率が報告されている.硫酸エステルは容易に加水分解されてメタノールを定量的に与え(式 (4.24)),二酸化硫黄は酸素酸化により硫酸に再生できるので(式 (4.25)),本法はメタノールの高収率合成法といえ,今後の実用化が期待される.

$$CH_4 + 2H_2SO_4 \longrightarrow CH_3OSO_3H + 2H_2O + SO_2 \tag{4.23}$$

------ **メタンハイドレートを資源として利用するためには** ------

平成11年末の浜松市沖海底におけるメタンハイドレート（以下MHと略記）高度含有層の発見は，自前のエネルギー資源に乏しいわが国で非常に大きな注目を浴びている．ここでは，海底のMHを資源として開発するために今後何が必要になるのか考えてみる．

まず，MHが資源として成り立つためには，①メタンガスとして採取できることが前提となる．すなわち，MHに含まれるメタンは，石油や天然ガスとは異なり井戸を掘っても自噴しないため，海底からガスとして採取する場合，メタンをMHから遊離させて回収する方法が必要となる．原理的にはMHを安定温度圧力条件からはずれた状態にすればよいわけであるから，加熱する，減圧する，塩類や溶剤を注入して凝固点を周囲温度よりも下げて溶かす，といった方法が考えられている．さらに，二酸化炭素でMH中のメタンを置換する方法も，地球温暖化の原因となる二酸化炭素を処分できる一石二鳥の方法として提案されている．一方，海底下のMH資源の場合，開発の前例がないため，どの採取方法が実現可能か不明であり，今後の研究が必要である．

さらに，②採掘したメタンの燃焼で得られるエネルギーが，開発に要する総エネルギーを上回ること，③経済的に成り立つこと（設備投資額や運転経費などがガス売却益で最終的にまかなえること），④環境破壊がないこと，が必要である．現在，②は実現できると考えられているが，海底下の資源開発は陸上の資源開発に比べて膨大な経費が必要となるため，③の経済性を確保するためには大きな確認可採埋蔵量と採取速度が必要であり，今後より精密な埋蔵量調査などが必要である．また，④については，メタンが二酸化炭素以上の地球温暖化効果を持つことから，ガスの大量噴出事故を防ぐ技術の開発が必要であり，さらに，MH採取後の海底地盤崩落を防止する技術の開発なども重要となる．

以上に示したように，MHを実際に資源として利用するためには多くの困難を克服する必要があるが，わが国にとってエネルギー資源の確保は最も重要な課題の一つであることから，今後の技術開発を期待したい．

$$CH_3OSO_3H + H_2O \longrightarrow CH_3OH + H_2SO_4 \qquad (4.24)$$
$$SO_2 + 1/2 O_2 + H_2O \longrightarrow H_2SO_4 \qquad (4.25)$$

4.5.6 天然ガス中に含まれるメタン以外の炭化水素からのオレフィン製造法

飽和炭化水素の熱分解反応によりエチレンなどのオレフィン類を製造することができる．反応は式 (4.26)～(4.28) に一例を示すようなラジカル反応であり，まず，炭素-水素結合より開裂エネルギーが小さい炭素-炭素結合が高温で開裂してアルキルラジカルが生じる（式 (4.26)）．続いてアルキルラジカルによる飽和

炭化水素からの水素引き抜き（式（4.27））と，アルキルラジカルの分解が起こり，炭素数が2個減少したアルキルラジカルとエチレンが生成する（式（4.28））．これらの反応が繰り返されることで，原料のエチレンへの転換が進行する．反応生成物の最終的な組成は，各生成物の熱力学的安定性に支配されるため，高温になるとジオレフィンや芳香族の生成が多くなる．このため，適当な転化率で反応が止まるように反応時間の設定と生成物の急冷が行われる．エタンはメタンについで多く天然ガスに含まれているが，熱分解すると転化率が60%程度，選択性が80%以上でエチレンに変換される．アメリカでは主としてこの方法でエチレンの製造が大規模に行われている．

$$RCH_2CH_3 \longrightarrow RCH_2\cdot + CH_3\cdot \qquad (4.26)$$
$$CH_3\cdot + RCH_2CH_3 \longrightarrow CH_4 + RCH_2CH_2\cdot \qquad (4.27)$$
$$RCH_2CH_2\cdot \longrightarrow R\cdot + CH_2CH_2 \qquad (4.28)$$

おわりに

以上に述べてきたように，天然ガスは他の炭化水素資源と比べて環境にやさしいエネルギー資源であり，利用促進が求められている．また，既存の石油化学体系に接続するための中間原料製造法の発展により，化学工業原料としての利用範囲拡大も期待されている．したがって，天然ガスは今後ますます使用量の増大が予想される．一方，需要の増大に対応するためには，未利用資源の開発技術の確立と，運搬や保管の難しさを克服するための経済的な化学的液化技術，あるいはハイドレート化して運搬貯蔵する技術の開発が必要である．さらに，主成分であるメタンの経済的な直接転換技術の開発も重要な課題であり，今後の技術革新が期待される．

5
バイオマス資源化学

5.1 バイオマス資源の特徴

5.1.1 バイオマス資源とは

化学物質の分類法に"無機物"と"有機物"という分け方があるように,地球の資源も無機物である"鉱物資源"と,生物体から生まれた"有機資源"に分けることができる.有機資源はさらに"化石燃料"(石油など)と"バイオマス"に分けられる.

バイオマスという言葉は本来は生態学の用語で"生物量"と訳すことができる.つまりバイオマス資源とは,一般的には図5.1のように植物の光合成作用により太陽エネルギーを変換して生産される資源を意味する.地球上に総量2兆トン程度が存在するといわれている再生可能な物質である.

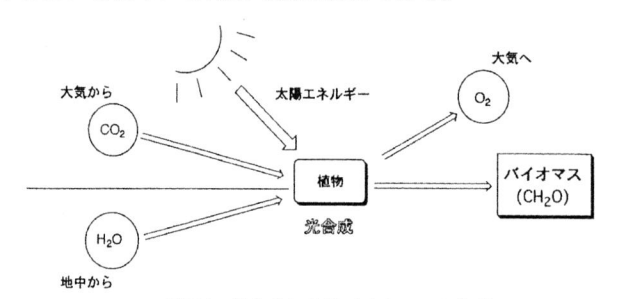

図 5.1 光合成によるバイオマスの生産

5.1.2 バイオマス資源の特徴

バイオマス資源としては廃棄物,未利用資源,新資源などが考えられる.このようなバイオマスの特徴を以下に示す.

①太陽エネルギーの良好な変換・貯蔵システムである.

②再生可能な資源である．
③環境面への影響が少ないクリーンな資源である．
④エネルギー，食糧，飼料，工業原料などとして多目的に利用できる．
⑤地球上に広く存在する自給可能資源である．

バイオマスを資源として利用する上で考えなければならないのは，基本的にバイオマスは分布密度が低く，原料の重量あたりの経済価値も低く，既存の関連資源に比べ付加価値が高くないことである．このため，資源の回収，搬送に多大なエネルギーが必要であり，またエネルギーの発生量も小さい．さらに資源の種類が多いためにそれぞれのバイオマスに合わせた多くのプロセス技術が必要となる．

5.1.3 バイオマスは再生可能資源

地球上の生物の生態エネルギー源は草木で営まれる光合成であり，それは大気中の二酸化炭素と大地から吸い上げた水を葉の中で太陽光のエネルギーによって生物体を生み出すもので，この光合成で生まれた植物細胞を動物が食べ，バクテリアの繁殖のエネルギーとなっている．光合成によって地上に生まれる植物細胞の総量は，全世界で1年間に消費されるエネルギー総量のおよそ10倍にもあたると考えられる．このエネルギー源，すなわちバイオマスは，図5.2に示すよう

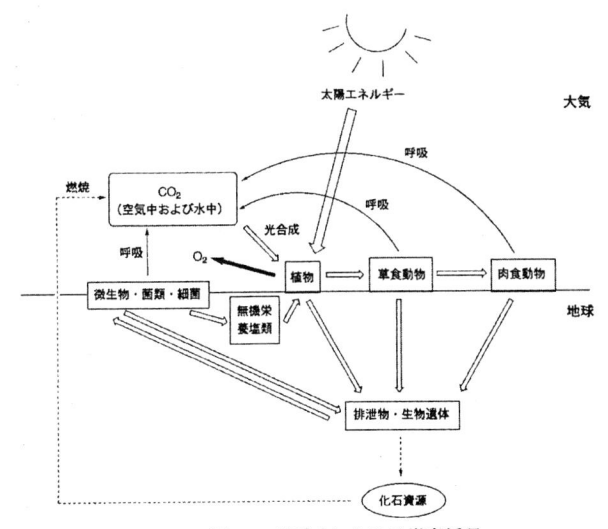

図 5.2 地球上における炭素循環

表5.1 代表的な石油代替エネルギー資源

代替エネルギー	具体例, 特徴, 問題点
バイオマス	セルロース⇒グルコース⇒エタノール
原子力	核融合が具体化すれば無限, 安全性に問題
自然エネルギー	太陽光・地熱・風力・海洋発電, クリーンなエネルギー
水素エネルギー	燃焼により大量の熱と水
燃料電池	$2H_2 + O_2 \rightarrow H_2O +$電気：水の電気分解の逆

な地球上の炭素循環によって毎年新たに生まれるもので，枯渇しない再生可能資源である．

これに対し，石油などの化石資源は枯渇性の資源である．長い時間をかければ植物の一部は石油になるので化石資源を再生可能資源と考えられなくはないが，現実的ではない．いずれはすべてが消費され消え失せる枯渇性資源に頼る現在の生活は，環境・経済の両面で持続的ではない．一方，地球の人口増加はめざましく，いま人間は食糧・資源・エネルギー・環境をめぐって，いろいろ困難な問題に直面している．エネルギー源に関しては，表5.1に示したように，すでにバイオマス以外にもさまざまな石油代替エネルギーが利用されている．しかし，現代の人類の生活を支えている化学製品の原料については，化石資源にかわる有力な有機資源は，バイオマス以外には考えにくい．このような状況で有限の化石資源の使用より脱して食糧資源同様，再生循環しうるバイオマス資源の利用が検討され始めている．

5.1.4 バイオマス資源の不安要因

再生可能なバイオマス資源も，経済・環境面で弱点を抱えている．経済面では入手可能性の問題が大きい．すなわち石油に比べれば短時間で製造できる再生可能資源ではあるが，干ばつや不作で供給が途絶えるという欠点がつねに存在しているのも事実である．

また，別の不安要因として，作物を資源として利用すると考えると，いままでのような大量生産を支えるのには広大な土地が必要となる．つまり栽培に膨大な土地とエネルギーを使う従来の作物は化石資源にかわる資源として利用できないため，食用として利用されない種々の植物を新しいバイオマス資源と考え，斬新なプロセスを使う手段を開発しなければならない．

5.2 バイオマス資源の種類と利用

5.2.1 バイオマス資源の種類

バイオマス資源のうち廃棄物，未利用資源としておもに考えられるのは，イネワラ，もみがら，野菜残査，家畜ふん尿，食品加工廃棄物，魚体残査などの農林水産廃棄物である．また，バイオマスに利用できる資源として種々の植物が考えられている．表5.2に代表的な栽培植物由来のバイオマス資源をあげる．これらの植物系バイオマスの利用可能資源の多くはセルロースである．ほかの大量に存在するバイオマス資源としては，菌類の細胞壁やカニやエビの甲殻に存在するキチンがある．

表5.2 代表的な栽培植物由来のバイオマス資源

栽培植物	具体例
デンプン，糖質作物	穀物（コメ，コムギ），サトウキビ，トウモロコシ，イモ類
水生植物	海藻，ホテイアオイ，クロレラ
ゴム植物	ヘビアゴム，グアユーレ
油脂植物	ヤシ類
石油植物	アオサンゴ，ユーカリ
木材	

5.2.2 バイオマス資源の利用状況

バイオマス資源は，地球上に総量2兆トン程度が存在するといわれている．図5.3にはおもなバイオマス資源の利用状況を示す．このなかで大量に存在し利用価値の高いバイオマスが多糖類である．セルロースは最も代表的な天然多糖であり植物を構築する組織として存在しているが，資源としてのセルロースはおもに木材から得られている．木材の主要成分はセルロース，ヘミセルロースおよびリグニンであり，セルロースの存在比率は樹種によって異なるが，約50％である．生合成されるセルロースの量は年間1000億トンにも達すると推定されており，地球上では最も豊富な有機化合物である．セルロースは古くから衣料，紙，パルプなどとして利用されてきており，今後も最も重要なバイオマス資源としてさまざまな利用の開発が期待されている．

またセルロース以外の天然多糖資源としては，節足動物の甲殻に存在するキチンがあげられる．現在，工業的にはカニおよびエビの甲殻より生産されている．キチンはセルロースに構造類似の多糖であるが，2位にヒドロキシ基のかわりに

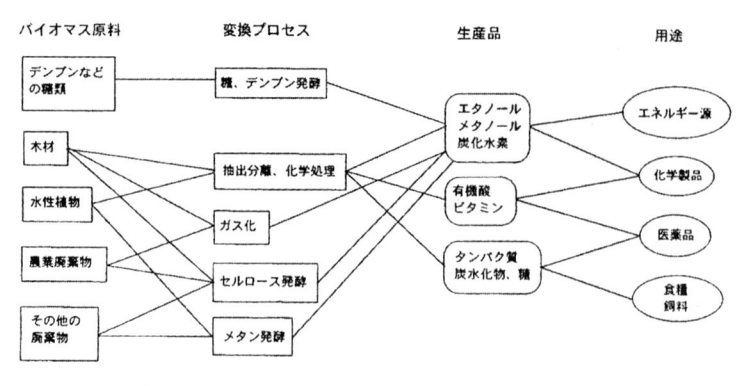

図 5.3 おもなバイオマス資源の利用（寺田ら, 1995）

アセトアミド基をもつアミノ多糖である．その生合成される量は膨大なもので，年間 10 億～1000 億トンと推定されており，地球上でセルロースについで豊富な有機物であるが，不溶，不融性のためほとんどが廃棄され続けているきわめて低利用度のバイオマス資源である．

陸地におけるバイオマス資源の開発がかなり進んだ現在，開発の遅れた海洋のバイオマス資源に大きな関心がもたれている．しかし，海洋は地球上での面積は大きいが，陸地ほどの生物生産性はなく，1 年間の有機物は約 550 億トンと推定される．海洋生物は微生物，微細藻類，大型藻類，無脊椎動物，脊椎動物に大別されている．このなかで生産性の高いバイオマス資源は大型藻類であり，その細胞膜，細胞膜間物質を構成しているものがアルギン酸で，構成単位の約 30 ％を占める．アルギン酸は陸上植物のセルロースに相当する海洋植物の多糖類であり，海洋では最も有効利用が望まれる資源であり，実際に資源化構想が検討され，一部実施されている．

一方，廃棄物，未利用バイオマス資源のなかで，日本の農産物の地上部残査の主なものは水稲と野菜残査で 92 ％を占めており，これは食用資源と同量のバイオマスが未利用のまま廃棄されていることになる．また，新しいバイオマス資源として種々の植物も考えられている．スイートソルトガムはトウモロコシの変種で茎の搾汁中に 12～13 ％の糖を含んでいる．この作物は栽培が比較的容易で地域適応性も高いという特徴を有し，今後の技術開発が期待されている．この植物の搾汁をエタノールに変換し，アミノ酸その他の化学製品に，また，搾りかすは燃料・飼料に利用する用途が考えられ，耕地系バイオマス資源として最も期待さ

れている一つである．油料作物としてはナタネやヒマワリなどがある．ヒマワリ
は種子中40～50％の油脂を含み，大豆の2～2.5倍の含油率で，経済性も高い．
さらに林地系バイオマス資源として世界各国で造林が進められている．そのほと
んどはエネルギー利用を目的としている．樹種としては早生型のポプラが中心で
ある．

アメリカでは中西部におけるトウモロコシなどの余剰農産物対策としてエタノ
ールを生産している．またブラジルでは1975年の第一次石油危機による石油価
格値上げに伴う国際収支の悪化と，砂糖産業の不振などを背景に，国家的事業と
してサトウキビを原料とするアルコール生産を行い，400か所以上に及ぶアルコ
ール生産工場が稼働している．

5.3 多糖類系バイオマス資源

5.3.1 セルロース資源

a. セルロースの存在と化学構造　セルロースは地球上で最も大量に存在す
る有機化合物であり，古くから衣料，紙，パルプなどとして利用されてきた．そ
の有効利用はわれわれ人類にとって大変重要なことであり，ここ十数年来は誘導
体としての利用も進められてきている．たとえば代表的なセルロース誘導体であ
るセルロースアセテートの製造は，わが国においてはほぼ半世紀の工業的歴史を
もつ．また，レーヨン，キュプラおよびセロハンなどの再生セルロースとしての
利用も行われてきた．

セルロースは主として木綿，麻，木材繊維などの植物を構築する組織として存
在しているが，その他に海藻セルロース，動物セルロースさらにはバクテリアセ
ルロースなども知られている．このなかで木綿は自然界で得られる最も純粋なセ
ルロースである．ふつうの植物繊維はリグニン，ヘミセルロースなどが随伴して
おり，たとえばセルロースの最も代表的な原料は木材であるが，木材繊維からリ
グニンなどを溶出させて分離，さらには精製して溶解パルプの形でセルロース原
料としている．

セルロースの化学構造は図5.4のとおりで，繰り返し単位であるD-グルコー
スが$1,4-\beta$-グリコシド結合により鎖状に連結したものである．セルロースの重
合度は種類や由来によって異なるが，たとえば木材中のセルロースは重合度が
1000～1500であるのに対し，綿セルロースでは8500～9500といわれている．

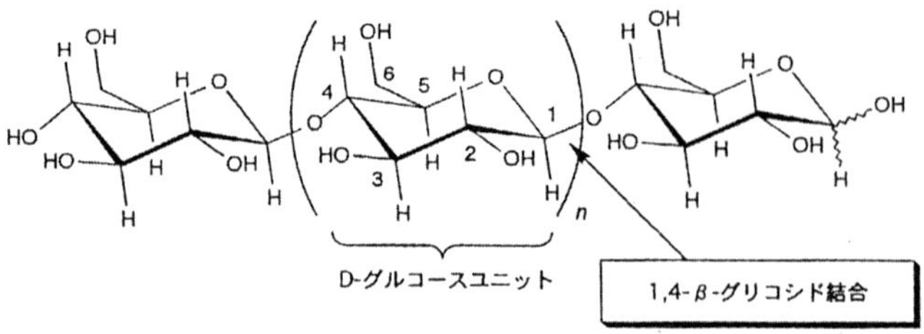

図5.4 セルロースの化学構造

この重合度にグルコースユニット（$C_6H_{10}O_5$）の分子量（162）を乗ずるとセルロースの分子量となることより，木材中のセルロースの分子量は16〜24万となる．木材はセルロース50〜55％，ヘミセルロース10〜20％，リグニン20〜30％を含んでいる．

b. 木材からセルロースの精製 建築材や燃料として人類の生活と深い関わりをもってきた木材は，時代とともにその利用方法が変化したとはいえ，貴重な資源の一つであることはいまも変わりがない．木材は太陽エネルギーのもとで循環再生が可能である．この利点を生かして樹木の育成に努め，同時に木材の有効利用をはかることが必要である．

木材の細胞壁を構成する要素間のマクロな存在様式についてみると，セルロースは骨格物質，ヘミセルロースとリグニンは充填物質といえる．すなわち，木材は，セルロースで骨組みをつくり，その回りにヘミセルロースを詰め込みリグニンで包んだものといえる．細胞壁の各層にはミクロフィブリルとよばれる配向がみられる．これはセルロースが集合して長く薄い糸状物となったもので，断面が直径10nmの円と仮定すると，セルロース鎖が240個集まったものとなる．

木材需要量の約36％は，パルプおよび紙として消費されている．パルプとは木材などを原料とし，これを機械的または化学的なパルプ化法により処理し，得られるセルロース繊維をときほぐして取り出したものであり，溶解パルプと製紙用パルプに分けられる．溶解パルプは，レーヨン，キュプラ，アセテートなどの繊維やセロハンなどの原料となるパルプで，溶媒に溶解したのち紡糸あるいは成膜をするのでこの名がある．合成繊維やプラスチックフィルムの進出によって溶解パルプの生産は衰退を余儀なくされている．

一方，製紙用パルプは紙や板紙に使用されるパルプで，化学的・機械的または両者の併用によってパルプ化する．機械的パルプ化法は，丸太を突起のあるスト

ーンに押しつけて，せん断力で繊維細胞を引きはがしてパルプを得るものである．機械的パルプ化法では木材から90％以上の収率でパルプが得られるが，リグニンがそのまま残留しており，これが340nm付近の紫外線によって変色するので，使用期間が長い用途の紙には利用できない．

　一方，木材繊維を接着しているリグニンを化学的に分解，可溶化して繊維を単離するのが化学的パルプ化法である．もともとは，アルカリを使用する方法が用いられていたが，まもなく亜硫酸・重亜硫酸カルシウム溶液による亜硫酸法が出現した．また，近年，アルカリによってリグニンを分解，除去する方法に改良が加えられ，パルプ廃液を回収・使用するクラフトパルプ化法が開発された．この方法では，樹種に対する選択性がなく，しかもセルロースの加水分解が少ないため，現在，わが国で使用されているパルプのほとんどはこの方法で製造されている．

c. 紙の製造　紙は木材パルプその他の植物繊維を水を媒体として金網上で薄層にすき上げ，乾燥したものである．乾燥と同時にセルロース間の水素結合が生じ，繊維の絡み合いと相まって強度が得られる．

　原木から紙になるまでの製造工程の概略を図5.5に示す．工程はパルプを作るパルプ工程と，これを紙にする抄紙工程の二つに大別される．前項で述べたように機械的パルプ化法は木材をすりつぶして繊維状にする方法であり，化学的パルプ化法では化学薬品によって木材チップからリグニンやヘミセルロースなどを溶解，除去してセルロースだけを取り出す．抄紙工程ではまずパルプのセルロース繊維を細断，解離して機械的な処理を行う．これをこう解（リファイニング）という．次に紙を均一にするための調製を行い，同時に白土，滑石，硫酸バリウムなど，不透明さを出すための充塡剤を加え，また着色剤なども配合する．ついで抄紙機により抄紙，圧搾，乾燥を経て紙に仕上げる．

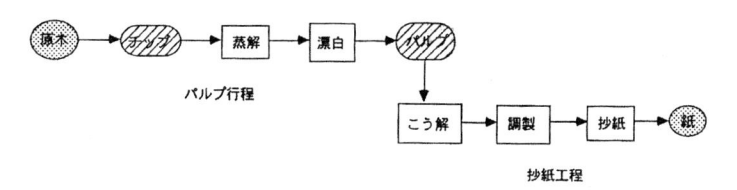

図 **5.5**　紙の製造工程（園田・亀岡，1997）

> **古紙の再資源化**
>
> 　現在では，古紙を回収して再生紙として利用することはあたり前の技術となっている．古紙再生の目的は資源の節減が第一であるが，古紙利用のメリットはこれだけではない．たとえば，チップからパルプを製造する場合に比べて古紙利用では，原料の輸送に必要な容積は1/4以下となる．わが国ではかなりの量のチップを海外から輸入しているので，古紙利用による輸送エネルギーの節減は大きい．また古紙再生プロセスのエネルギー消費も木材からパルプを製造することに比べれば著しく小さい．
>
> 　以上のように古紙利用の社会的意義は一般に理解されているよりもはるかに大きいのである．

d. セルロース由来の繊維　木綿，麻類などの植物由来の天然繊維の主成分はセルロースである．これらの天然繊維は，セルロースの構造からわかるように，酸性水溶液に対しては速やかに加水分解をうけるがアルカリには強い．天然繊維をいったん化学的に溶解させ，再生・紡糸し直して繊維としたものが再生繊維であり，セルロースを原料とするレーヨンやキュプラがその代表である．

　レーヨンを製造する反応を図 5.6 に示す．溶解パルプを原料として，水酸化ナトリウム水溶液で処理してアルカリセルロースをつくり，ついで二硫化炭素と反応させてセルロースキサントゲン酸ナトリウム（セルロースザンテート）とし，これをアルカリ水溶液に溶かすとビスコースといわれる粘性のある液となる．ビスコースを細かいノズルの孔から硫酸中へ押し出すと（湿式紡糸），分解によってセルロースが再生され，糸の形でレーヨンが遊離する．

　一方，キュプラとはセルロースを銅（Ⅱ）アンミン錯体溶液に溶解して紡糸液

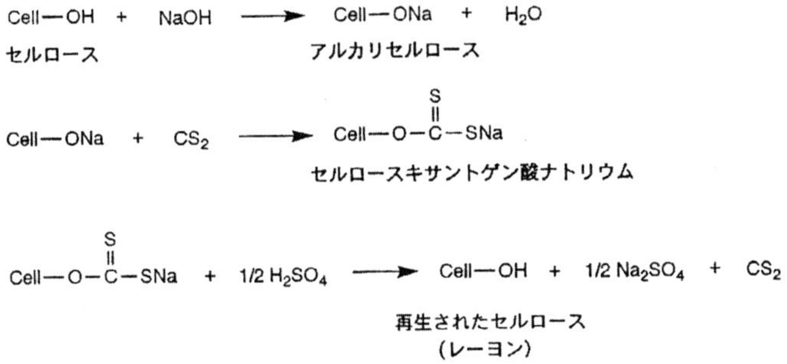

$$\text{Cell-OH} + \text{NaOH} \longrightarrow \text{Cell-ONa} + \text{H}_2\text{O}$$
セルロース　　　　　　　　　アルカリセルロース

$$\text{Cell-ONa} + \text{CS}_2 \longrightarrow \text{Cell-O-}\underset{\|}{\overset{S}{C}}\text{-SNa}$$
セルロースキサントゲン酸ナトリウム

$$\text{Cell-O-}\underset{\|}{\overset{S}{C}}\text{-SNa} + 1/2\,\text{H}_2\text{SO}_4 \longrightarrow \text{Cell-OH} + 1/2\,\text{Na}_2\text{SO}_4 + \text{CS}_2$$
再生されたセルロース
（レーヨン）

図 5.6　セルロースからレーヨンを得る反応行程

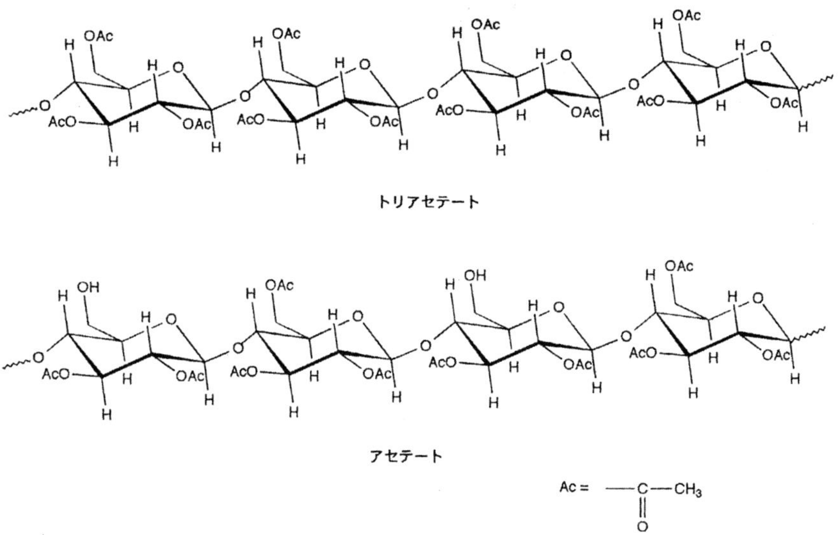

図5.7 トリアセテート，アセテートの化学構造

をつくり，セルロースを再生した繊維である．

また，セルロースを無水酢酸でエステル化したものが，アセテートやトリアセテートとよばれる半合成繊維である（図5.7）．図5.8のようにセルロースを無水酢酸，酢酸および硫酸によりアセチル化するとトリアセチルセルロースを生成する．これを一部加水分解したのち，アセトンに溶解し，乾式法により紡糸したのがアセテートである（図5.9）．すなわち，アセテートはトリアセテートとジアセテートの中間，つまりグルコース単位あたりの2.5個程度のアセチル基を含む構造を有している（図5.7に示したアセテートの構造は便宜上，トリアセテートユ

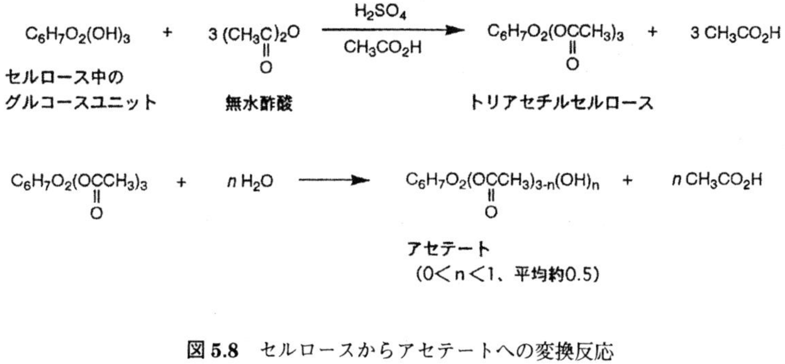

$$C_6H_7O_2(OH)_3 + 3(CH_3C)_2O \xrightarrow[CH_3CO_2H]{H_2SO_4} C_6H_7O_2(OCCH_3)_3 + 3CH_3CO_2H$$

セルロース中の　　　　無水酢酸　　　　　　　　トリアセチルセルロース
グルコースユニット

$$C_6H_7O_2(OCCH_3)_3 + nH_2O \longrightarrow C_6H_7O_2(OCCH_3)_{3-n}(OH)_n + nCH_3CO_2H$$

アセテート
($0 < n < 1$，平均約0.5)

図5.8 セルロースからアセテートへの変換反応

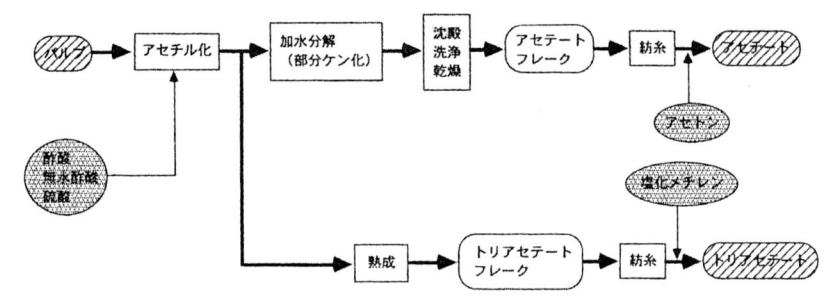

図 5.9 アセテート，トリアセテートの製造工程（園田・亀岡, 1997）

ニットとジアセテートユニットが交互に存在するように書かれているが，実際はランダムな配置をとっている）．セルロースからアセテートへの直接合成法が確立されていないため，トリアセチルまでエステル化し，再び加水分解する方法をとっている．

一方，トリアセテートとはトリアセチルセルロースを意味し，適当な溶剤がなく，化学的にも不安定なために，工業化はアセテートより遅れた．近年，塩化メチレンのような安価で取り扱いやすい溶剤が供給されてから生産されるようになった．方法は図5.9のようにトリアセチルセルロースをアセテートにせず，そのままのかたちで塩化メチレン／メタノールの混合溶媒に溶かし，これを乾式紡糸したものがトリアセテートである．アセテートに比べて親水性に乏しいが，耐熱性，耐アルカリ性が高い．

e. セルロースの機能化　セルロースは合成高分子とはかなり異なった化学構造をもち，また溶剤との溶媒和の違いで分子鎖のかたさを変えうるなど物性的にも特異な材料である．合成高分子物質には期待できないこれらの特異性を生かして，セルロース誘導体の新しい合成と用途の開発がさまざまな領域で行われている．具体的な検討例としては，新規誘導体の開発に関するものが多いが，分離膜，イオン交換樹脂，固定化酵素用担体，ビーズ状ゲル粒子，光学分割用担体，微生物分解性ポリマー，医薬あるいは医用高分子としての利用に関して興味ある成果が得られている．

5.3.2 キチン，キトサン資源

a. キチン，キトサンの存在　キチンはセルロースに構造類似の天然多糖であるが，2位にヒドロキシ基のかわりにアセトアミド基をもつアミノ多糖である

> **ヘミセルロースとリグニン**
>
> 木材などの植物繊維はセルロース以外にヘミセルロースやリグニンが含まれている．ヘミセルロースは，キシロースやマンノースなどグルコース以外の糖も構成成分であり，重合度が 100 ～ 200 程度の多糖類である．一般に水には不溶であるがアルカリ水溶液には可溶であり，酸によってセルロースよりも加水分解されやすい．
>
> リグニンの構造は単純ではないが，図のような基本構造をもつことが明らかにされている．植物の種類によってその主要構造がそれぞれいずれかを多く含んでいるかは異なっている．材木中でリグニンはさまざまな結合により炭水化物と結びついている．
>
> ヘミセルロースやリグニンの資源としての利用も種々試みられているが，本格的な利用は今後の研究によるところが大きい．
>
> D-グルコース　　D-キシロース　　D-マンノース
>
> D-ガラクトース　　L-アラビノース　　4-O-メチル-D-グルクロン酸
>
> ヘミセルロースの構造
>
> リグニンの構造

(図 5.10)．その生合成される量は膨大なもので年間 10 億～ 1000 億トンと推定されている．つまり，地球上でセルロースについで豊富な有機物であるが，その利用研究の遅れのためにほとんど廃棄され続けているきわめて低利用度のバイオマス資源である．またキトサンは，キチンを高温の濃アルカリ液で処理した際に得

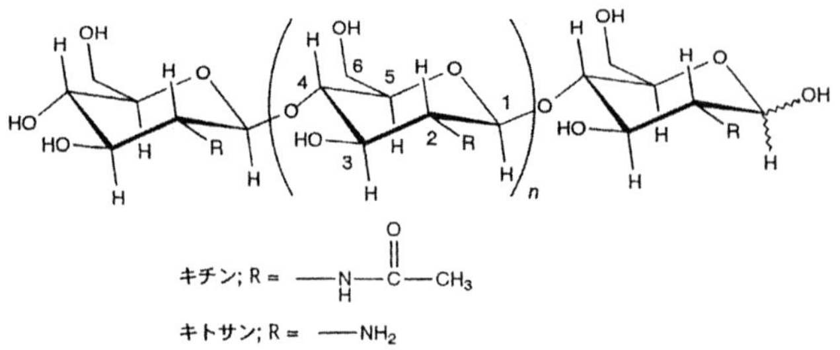

キチン; R = ―NH―C(=O)―CH₃

キトサン; R = ―NH₂

図5.10 キチン，キトサンの化学構造

られる，キチンの脱アセチル化物である．

　セルロースは主として高等植物の細胞壁に存在するが，菌類および一部の藻類などの下等植物では構造類似の多糖であるキチンにおきかえられているものが多い．また，動物界においても下等動物を中心に広く分布しているが，とくに節足動物の甲殻に多く含有されおり，単離も容易である．現在，工業的にはカニおよびエビ（十脚目）の甲殻より生産されている．この甲殻（クチクラともよばれる）には，キチンのほかタンパク質や無機塩を含んでおり，その存在比は種によって大きく異なる（表5.3）．また，オキアミやイカ，貝などからもキチンを多量に調製することが可能である．十脚目クチクラの構造を図5.11に示す．表クチクラの主成分は脂質とタンパク質であり，膜層はおもにキチンとタンパク質で構成さ

木材のプラスチック化

　木材を金属，セラミック，プラスチックなどの材料と比較したとき，利用のための加工法が狭く，偏っていることに気づくはずである．すなわち，切ったり貼ったりする加工に限られているため，材料としての利用範囲が狭くなっている．しかし，木材は有機物であり，同じ有機物であるプラスチックなどのように加熱して軟化させ形に押し出せたり，溶剤に溶解して加工できたら木材の利用範囲も広がり，付加価値のある材料へと応用できるのではないだろうか．また，現在はほとんど利用されていない間伐材や木材工業廃棄物などの有効利用にもつながると考えられる．このような観点から，木材のプラスチック化に関する研究が盛んに行われている．具体的な研究内容としては木材への熱流動性の付与，木材の溶液化・液化，あるいは木材の化学修飾などである．いずれも木材に新しい性質を付与し，その加工性に新しい展開を見いだす目的で試みられているものである．現時点では諸現象の解明といった基礎的な知見を得る段階ではあるが，今後の研究によって木材のプラスチック化という大きな夢の現実が期待される．

表5.3 十脚目甲殻中のキチンの含有量

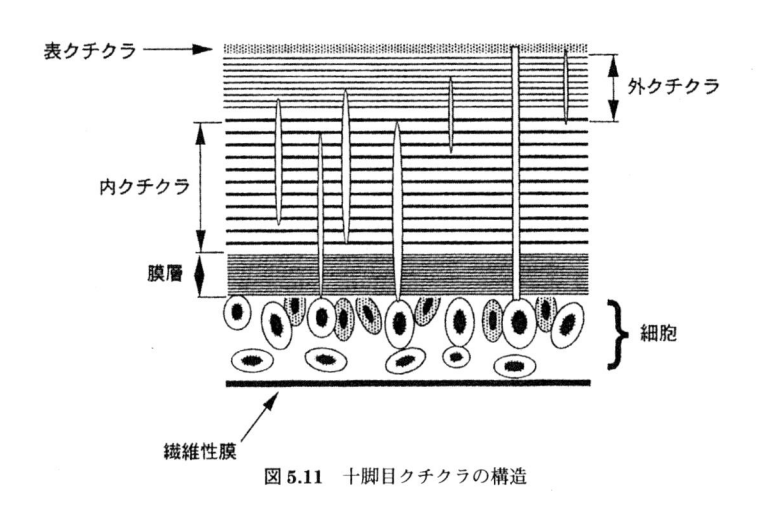

生物	キチン含有量 (g/100g)
ケガニ	18.4
ガザミ	9.0
ヒライソガニ	10.6
シバエビ	32.4
タラバガニ	10.4

図5.11 十脚目クチクラの構造

れている．外クチクラと内クチクラではキチンとタンパク質のほかムコ多糖を含み，それらが繊維を形成している．

　キチンは高い生分解性を有するばかりではなく，特異な活性・機能を示し，さらに生体適合性も良好であるなど，多くの特徴をもつために，新たな視点からいろいろな分野で興味がもたれはじめた．とくに，キチンあるいはキトサンはセルロースと違ってアミノ多糖である点に最も特徴があり，高い可能性をもつ機能性高分子素材として注目でき，高度な利用開発が可能なはずである．このように多量に存在し，その開発が期待されているにもかかわらず利用研究が遅れているのは，キチンが不溶・不融であるのが最大の原因である．そこで，キチンやキトサンに対して化学修飾を行い，可溶化するとともに機能化を図る試みも盛んになっている．

　b．キチン，キトサンの利用　キチンは一般の溶媒に溶解しないが，キトサンは可溶であるため，利用しやすい（表5.4）．これらのアミノ多糖の特異な性質

表5.4 キトサンの利用

用 途	特 徴
繊 維	γ-グロブリン（免疫グロブリンともいわれるタンパク質）の吸着能が他の繊維に比べて数十倍高い
フィルム	創傷用被覆材として医療用に利用
ビーズ	タンパク質吸着能が高い
固定化担体	クロマトグラフィー用担体，バイオリアクター

が解明されるにつれ，その応用に向けての開発研究が盛んになってきている．

キトサンは酸性水溶液には塩となって溶解しポリカチオンとなるため，水処理の凝集剤として実際に利用されている．キトサンは凝集させる対象によっては合成系のポリカチオンよりもすぐれた性能を示す上，毒性も低く，しかも高い生分解性を示すために環境保護の観点からも好ましい．このほか，食品の加工工業の排水からのタンパクの回収，液状食品の濁りとり，あるいは飲料の酸味成分の除去などの応用の可能性が示唆されている．

また，キチン，キトサンは顕著な薬理活性が期待され，毒性が低いことから医薬，医療面での利用が期待されている．キトサンは，塩基性多糖であるため，胃における制酸作用や潰瘍抑制作用が考えられ，実際に動物実験で確かめられている．さらに動物飼料中にキチンあるいはキトサンを混入すると血漿および肝臓中のコレステロール，トリグリセリドのレベルを下げるという重要な作用が認められた．さらに，消化器官中のビフィズス菌の発育促進作用，免疫増強作用なども報告されている．キトサンおよびキトサンオリゴマーの抗細菌性，抗カビ性，抗ウイルス性なども報告されている．

最近注目されているのは，キチンの創傷治癒促進効果である．以前から傷口にキチン粉末を散布すると治りが早くなることは知られており，この性質を利用して，人工皮膚および手術用縫合糸がつくられている．たとえばキチンをアミド系の溶媒から湿式紡糸して得られる糸は，引っ張り強度の点で代表的な合成高分子系縫合糸であるポリグリコール酸よりやや劣るが，腸を再生した糸であるカットガットよりは強い．このキチン糸を実際に縫合糸として使用し，強度変化を調べた結果，デキソン糸と似た挙動を示すことがわかった．しかも，縫合後の癒合強度は早期の場合，デキソン糸よりも高く，治癒促進効果が確認されている．

また，キチン，キトサンは種々の金属イオンと複合体を形成し，すぐれた重金

属イオンの補集能を示す.一般にキチンよりもキトサンの方が高い吸着能を示す. Cu, Hg, Cd, Fe, Ni, Zn, Pb, Ag イオンなどはとくによく吸着し,また無機水銀のみでなく,毒性の高い有機水銀に対してもすぐれた捕集能を示すことから,工場排水に含まれる有毒な重金属イオンの除去に有効であると考えられる.

以上のほか,化粧品・香粧品成分,殺菌などのための薬剤,酵素・細胞固定化担体,高分子担体試薬,分離膜素材,クロマトグラフィー用充填剤,食品処理剤・添加物,土壌改良剤など,きわめて多岐にわたって利用研究が進んでいる.しかし,このような新しい機能性材料としてのキチンの研究は始まったばかりである.キチンのように容易に入手でき,しかも多様な利用の可能性のあるバイオマス資源は少なく,今後の発展が注目される.

5.3.3 デンプン

デンプンは植物のエネルギー貯蔵源として働く多糖である.穀類,イモ類,トウモロコシ,コメなどの主成分はデンプンであり,植物がグルコースを蓄えるための形態と考えられる.デンプンは,α-D-グルコースを構成単位としており,アミロースとアミロペクチンの2種成分から成っている.アミロースはデンプンの重量の約20%を占め,数百のD-グルコース分子が1,4-α-グリコシド結合で結ばれた構造を有している.一方,デンプンの残りの80%はアミロペクチンであり,アミロースより複雑な構造をしている.

デンプンは安価で生産量も多いが,腐敗性や吸湿性が著しく,また成形性もよくない.このため,そのままでは材料として用いにくい.しかし,近年デンプンが微生物に分解されやすい性質を利用して,デンプンを含む生分解性プラスチックの開発研究が盛んである.

5.4 マリンバイオマス資源

5.4.1 マリンバイオマス資源の種類

わが国は国土が小さく資源小国であるが,四方を豊かな海に囲まれている.とくに表日本側には広大な太平洋があり,200カイリ経済水域を設定すると,面積にして現在の国土の12倍もの海洋表面を有効利用できることになる.また,近年は化石資源の枯渇や人口増加から予想される資源確保を考えると,地球表面の2/3を占める海洋に存在するマリンバイオマス資源,とくにそのなかでも海藻類は注目されている.

> **天然多糖のプラスチック材料としての利用**
>
> すでに本文で述べたように,セルロースやデンプンなどの天然多糖は石油由来の高い高分子にかわるプラスチック材料として期待されており,一部実用化されている.天然多糖は再生可能な資源であるというバイオマスならではの利点があるが,化石資源の方が安価であり,合成や加工が容易な石油由来の合成高分子が材料としては有利である.しかし,天然高分子には,合成高分子にはない生物親和性という特性を生かした材料としての利用が期待されている.具体的には医療用材料や(生)分解性プラスチックが考えられる.
>
> プラスチック材料として利用するためには,この特性を生かした上で,さらに用途に応じた強度や加工性が必要となる.このような点で天然多糖は,溶剤に溶けにくく,また吸湿性が高く熱的に不安定など不利な点が多い.そこで多糖あるいは多糖と合成高分子をブレンドしてプラスチック材料として利用する試みが成されている.たとえば,セルロースとキトサンから成る複合素材がフィルム・シート成形能を有し,生分解性プラスチックとしての利用が可能であることが見いだされている.また,デンプンをポリエチレンなどの合成高分子に練り込んだプラスチックが開発されており,実用化もされている.この材料では,デンプンは生分解するが合成高分子の部分は分解しないため完全な生分解性材料ではなく,そのため崩壊性プラスチックといわれている.

海藻類は,わが国では古来から食用として珍重されてきており,アマノリ,コンブ,ワカメをはじめ,多くの種類の海藻が日本の食文化に定着している.このほか海藻類の用途としては,家畜の飼料,作物の肥料,医薬品,化粧品,食品添加物,工業原料などその用途は多い.わが国で食用となる海藻は少なくとも100種はあり,全海藻生産高は約1800億円にも達している.

5.4.2 アルギン酸

マリンバイオマスのなかで最もその利用が期待されているのが大型藻類である.大型藻類は大部分褐藻類に属し,これらの褐藻類の細胞膜,細胞膜間物質を構成しているのがアルギン酸で,構成体の30%を占める.したがって,アルギン酸は陸上植物のセルロースに相当する海洋植物の多糖類である.それゆえ,海洋では最も有効利用が望まれる資源であり,実際に資源化構想が検討され始めている.

アルギン酸はマンヌロン酸(M)単位のブロック,グルロン酸(G)単位のブロックおよびその中間のMG単位のブロックが1,4-グリコシドからなる直鎖の

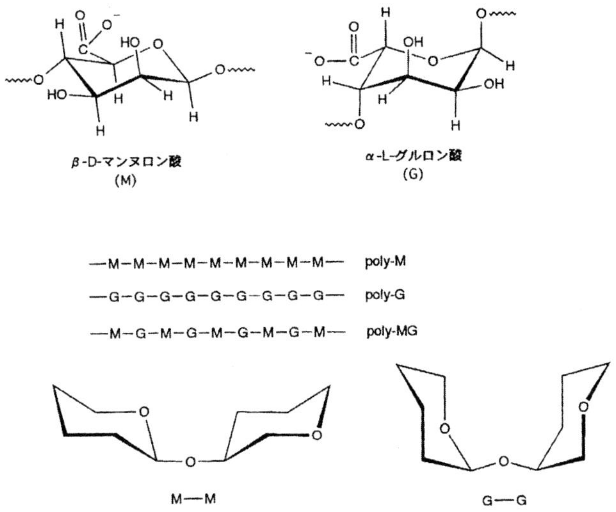

図 5.12 アルギン酸の構造

コポリマーである（図 5.12）．poly‐M は平らなリボン状であり，poly‐G はくぼみのある折れ曲がり構造を有している．アルギン酸は現在，食品製造，医療材料，製紙工業，染色工業などの分野で増粘，安定，乳化などの機能剤としては広く使用されている．また，アルギン酸は食品添加物としても重要で，これはアルギン酸が，①滑らかで高い粘性を示す，②ゼリー化性が大，③親水性が高い，④デンプン老化防止性がある，⑤少ない添加量で効果が大きい，などのすぐれた性質をもつためである．

以上のようにアルギン酸は工業用や食用として利用されているが，陸上生物のセルロースに比較して海洋多糖類の応用開発ははじまったばかりであり，とくに機能材料としては今後の研究の発展が望まれる．アルギン酸は天然にそれを分解する微生物が存在するので分解性の天然高分子素材であり，資源的に興味がもたれる．

5.5 その他のバイオマス資源

その他の有力なバイオマス資源としてあげられるのは，農業廃棄物，都市ごみ，産業廃棄物，畜産廃棄物である．現在，農産物関係では，食用資源と同量のバイ

オマスが未利用のまま廃棄されており，また畜産廃棄物ではふん尿処理の経費が多くなり，経営を圧迫している．食品加工産業でも廃棄物の処理が問題となっている．一部で飼料として利用されてはいるが，廃棄物系バイオマスの効率的な利用には至っておらず，有効利用技術の開発が望まれている．たとえば農業廃棄物からは表5.5のような利用が考えられる．

表5.5 農業廃棄物を原料にする化学合成

廃棄物	原料	中間体	生成物
ジャガイモ廃物	発酵性の糖質	乳酸エステル類	アクリル酸 過酸エステル類
パルプ黒液	リグニン ヒドロキシ酸類	アセトアルデヒド	アントラキノン 過酢酸

5.6 エネルギー資源としてのバイオマス

炭素資源であるバイオマスはエネルギー資源としても期待されている．しかし，そのまま燃焼したのでは，発熱量が低いため，効率よくバイオマスをエネルギーへ変換する技術の開発が重要である（図5.13）．エネルギーへの変換手法は，アルコールやメタン発酵法，熱分解，ガス化，液化，燃焼発電と多様であるが，と

---- 二酸化炭素の資源としての利用 ----

炭素資源の循環は，大気中の二酸化炭素がバイオマスへと変換され，それらの分解などにより二酸化炭素が放出されるという過程で行われている．近年問題視されている二酸化炭素の増大は，化石燃料の燃焼や熱帯雨林などのバイオマス資源の消滅によってもたらされたものである．本章では二酸化炭素が化学的に固定化された有機化合物であるバイオマスの資源としての利用について取り上げているが，それでは二酸化炭素そのものの資源としての利用は可能であろうか．二酸化炭素を分離・回収・貯蔵する技術はさまざまに開発されているが，さらにこれをそのままでは利用しにくく，二酸化炭素を化学的に有機化合物へ変換することが考えられる．これには，バイオマスなどを利用して生体有機物へと変換する方法や，二酸化炭素を人工的に還元し，有用物質に変換する化学的固定法がある．現在のところいずれも研究段階であり，二酸化炭素の固定量も少なく，実用には至っていない．しかし，二酸化炭素は究極の炭素資源と考えられ，その有効な化学的固定技術が開発されれ二酸化炭素を人工的に資源として循環・利用することも可能であろう．

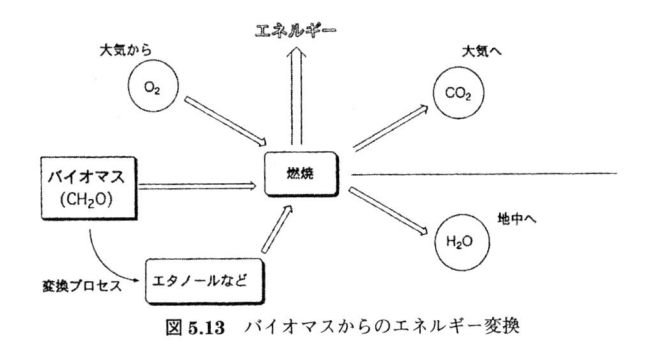

図 5.13 バイオマスからのエネルギー変換

くにセルロース系バイオマスからのエタノールの生産は有力な方法である.
　セルロースは，加水分解により構成単位であるグルコースへと変換できる．グルコースからの発酵により得られるエタノールは，燃料としての利用が可能である．エタノールは硫黄分，窒素分，重金属などの不純物を含まないクリーンな液体エネルギーである．単位重量あたりの発熱量はガソリンよりも小さいものの高い燃焼効果が得られるため，二酸化炭素発生量は15％以上少ない．現在，イネワラ，バガス（サトウキビの搾りかす），木材を対象にエタノール生産が行われている．このようなセルロース系バイオマスからのエタノール生産に至る工程は種々検討されている．セルロースは一般的に分解酵素セルラーゼによって分解され，グルコースが得られる．しかし，リグニンが混じっているとセルロースの酵素分解が阻害されるので，効率よくセルロースを加水分解してグルコースを得るためにはバイオマスからリグニンを除く前処理が必要である．バガス，イネワラについてはアルカリ処理によって，効率よくリグニンを除去することが可能である．一方，木材はアルカリ処理のみでは脱リグニン化されず，爆砕により前処理する．このようにして得られたセルロースをセルラーゼ酵素によって分解しグルコースとした後，アルコール発酵でエタノールに変換する．
　ブラジルでは，サトウキビを原料にしてエタノールが生産され，自動車燃料として実用化されている．ブラジルの大きな収入源の一つは砂糖の生産であるが，これはサトウキビの搾り汁からつくられる．このときの搾りかすがバガスで，バガスは砂糖の生産プロセスの熱源として使われるほか，余剰分は他の工場用燃料に使われている．サトウキビの搾り汁は発酵させて酒をつくるが，さらに蒸留してエタノールを生産する．ブラジルでは国策によりこれを自動車燃料として使用

> **ブラジルは CO_2 排出ゼロの国？**
>
> ブラジルのエネルギーの基本構成は，電力は水力発電，自動車用燃料はバイオマス・エタノール，工場燃料はバイオマスである．水資源豊かな国であるから，電力は水力発電でまかなわれ，電力の余裕から電気ボイラーが使われている．また，国の最大の収入源である砂糖は，サトウキビの搾り汁からつくられるが，このときの搾りかすがバガスで，バガスは砂糖の生産プロセスの熱源として使われるほか，余剰分は他の工場用燃料に使われる．さらに，サトウキビの搾り汁やバガスから自動車用燃料としてエタノールをつくっている．国際収支が赤字続きであり，自動車燃料を国内で調達しなければならないことが，エタノール燃料を生産する一つの理由ではあるが，いずれにしてもブラジルではバイオマス資源からかなりの割合のエネルギーを得ていることになる．ブラジルの人口は1億5000万人を超えており，このような大国で，これほどまでにバイオマス資源でエネルギーをまかなっていることは驚くべきことである．「ブラジルは CO_2 排出ゼロの国」とはいえないまでも，エネルギー問題はグローバルな視点で考えるべき課題であるし，今後のエネルギー問題を考える上で参考になる事例である．

している．現在ブラジル内のアルコール車総数は400万台を超え，ガソリン車数より多い．アルコール車の排気ガスはガソリン車のそれよりかなりクリーンである．たとえばエタノールをガソリンのかわりに車の燃料として使えば，二酸化炭素としての炭素の排出量は90％も減少する．また，一酸化炭素や炭化水素の排出量も1/3から1/4に減少する．エタノール燃料の弱点は価格である．現在はガソリンより約2倍高価であるが，今後のエタノール生産の技術開発，高効率化によって，ガソリンの値段に競合できるくらいまで値下がりする可能性があり，さらなる需要の増加が見込まれている．

6
廃炭素資源化学

6.1 廃炭素資源

　炭素は，炭酸塩や二酸化炭素として地球上に広く存在しており，また化石資源やバイオマスといった有機炭素資源を構成する重要な元素である．有機炭素資源は，資源やエネルギーとして利用されているが，最終的には廃棄物や二酸化炭素となる．これら廃有機炭素資源は，木材，生ごみ，プラスチック，汚泥などである．これら廃炭素資源は，現在，十分に利用されているとはいえない．化石資源など，有機炭素資源は有限であり，貴重な有機炭素資源として廃炭素資源を位置づける必要がある．現在における廃炭素資源の利用は，表6.1のようにまとめられる．

表6.1 廃炭素資源とその利用

廃炭素資源	利用
木材	炭，燃料，再生材料
生ごみ	コンポスト
プラスチック	リサイクル（マテリアル，ケミカル），燃料
汚泥	燃料，堆肥
二酸化炭素	メタノールほか炭化水素など

6.2 廃棄物の現状

　廃棄物は事業活動によって排出される産業廃棄物と，家庭や事業所から排出される一般廃棄物に区分される．わが国は6億トンもの物質を輸入し，0.8億トンの製品などを輸出しているが，産業廃棄物および一般廃棄物として排出される量は，それぞれ4億トンおよび5000万トンに達している．これらは，脱水や焼却，

表6.2 廃棄物とその処理の現状

廃棄物	総排出量 (1996年)	処理処分量 (1996年)			最終処分場 残余年数
産業廃棄物	4億500万トン	減量化	1億8700万トン	(46%)	3.1年 (1996年)
		再利用	1億5000万トン	(37%)	
		最終処分	6800万トン	(17%)	
一般廃棄物	5110万トン	直接焼却	3940万トン	(77.1%)	8.5年 (1995年)
		中間処理	644万トン	(12.6%)	
		直接埋立	526万トン	(10.3%)	

中和などによって減量,あるいはリサイクルされているが,最終的には最終処分場に埋め立てされており,それらは産業廃棄物で6800万トン,一般廃棄物で1300万トンに達している(表6.2).最終処分場の容量には限度があり,産業廃棄物の最終処分場は,受け入れ寿命が2年を切る状態が続いているため,廃棄物の減量・リサイクルが切望されるようになった.

---- 最終処分場とは ----

最終処分場には,①安定型,②管理型,③遮断型の3種類があり,それぞれ,埋め立てできる廃棄物が異なる.安定型には,プラスチックや金属など化学的変化を起こさない,安定な廃棄物を埋め立てすることができる.管理型には,ばいじん(焼却灰)や木材,汚泥などその他の大半の廃棄物が埋め立てされる.これら管理型に埋め立てされる廃棄物は,化学的変化あるいは溶出などを起こすため,排水は環境排出基準に達するように処理・管理される.アメリカでは,閉鎖状態が不十分,あるいはトラブルなどで環境中への有害物質の漏出が数多く指摘されており,わが国でも最終処分場の新規建設には強い反対運動がある.新規最終処分場の建設が難しくなるなかで,産業廃棄物を受け入れることのできる最終処分場の寿命は,1989年には4.5年,1996年には3年以上あったが,2000年に入ると1.5年前後と短くなっている.

表6.3 産業廃棄物の種類と排出量 (万トン) (1996年)

種類	排出量	割合	種類	排出量	割合	種類	排出量	割合
燃え殻	325	0.8	紙くず	207	0.5	ガラス・陶磁器くず	642	1.6
汚泥	19316	47.7	木くず	743	1.8	鉱さい	2386	5.9
廃油	308	0.8	繊維くず	8	0.0	建設廃材	6319	15.2
廃酸	400	1.0	動植物性残査	345	0.9	動物のふん尿	7221	17.8
廃アルカリ	248	0.6	ゴムくず	11	0.0	動物の死体	11	0.0
廃プラスチック類	657	1.6	金属くず	692	1.7	ばいじん	802	2.0

```
Reduce      Reuse       Recycle
発生抑制  >  リユース  >  マテリアル  >  サーマル  >  適正処分
            (再使用)      リサイクル      リサイクル
```

図 6.1　廃棄物に対する基本的考え方（優先順位）

6.3　再生資源の利用

　産業廃棄物の種類とその割合を表 6.3 に示す．汚泥や動物のふん尿，建設廃材などの割合が多く，これらで全体の 80 ％ を占める．廃棄物の埋立て量を減らすためには，まず廃棄物の①発生抑制（Reduce）が第一の重要対処法であり，続いて②リユース（Reuse），さらに③リサイクル（Recycle）という優先順位となる（図 6.1）．これら 3R は，経済的な動機づけではなかなか達成できず，廃棄

表 6.4　廃棄物やリサイクルに関連する法律の制定・改正など

年	法　律	備　考
江戸時代		植物国家
1900 年	●汚物掃除法	公衆衛生の向上，市町村掃除の責務
1954 年	●清掃法	生活環境の清潔化
1965 年	●生活環境整備（第一次）五カ年計画	ごみの収集・輸送—焼却—処分の体系
1970 年	●廃棄物の処理及び清掃に関する法律	廃棄物の排出抑制，適正処理
1991 年	●再生資源の利用の促進に関する法律	事業者による再生資源の利用促進
1995 年	●容器包装に係る分別収集及び再商品化の促進等に関する法律	（容器包装リサイクル法）
1997 年	●容器包装リサイクル法本格施行 ●廃棄物の処理及び清掃に関する法律 ●古紙リサイクル促進のための行動計画 ●建設リサイクル推進計画'97 策定	ガラスびん　ペットボトル マニフェスト制度 2000 年までにリサイクル率 80 ％ 目標
1998 年	●産業廃棄物排出事業者適正処理ガイドライン（通産省）リサイクルの数値目標の設定など	
2000 年	●容器包装リサイクル法完全施行 ●建設工事に係る資材再資源化法律 ●循環型社会形成推進基本法 ●再生資源の利用の促進に関する法律改正法 ●食品循環資源の再生利用等の促進法	プラスチック　紙製容器包装 循環型社会の形成について基本原則
2001 年	●特定家庭用機器再商品化法 　（家電リサイクル法）	テレビ，冷蔵庫，エアコン，洗濯機

の有効利用がなかなか進まない．そのため，近年，廃棄物の有効利用を進めるための法律が次々と整備されるようになった．これらを表 6.4 に示す．とくに 2000（平成 12）年には循環型社会形成推進基本法が制定され，建設廃材や食堂からの食品廃棄物などについても再利用が画策されることとなった．

6.4 家庭ごみおよび事業系ごみの組成

家庭から出るごみの種類について，横浜市の組成例を表 6.5 に示す．重量比では厨芥や紙などの割合が高いが，容積比では 60％以上が包装材・容器である．そのなかでは 90％以上が紙やプラスチックであり，木類などの有機炭素化合物のほか，金属類，ガラス類，陶磁器などの無機化合物がある．

また容器包装以外の家庭ごみにはプラスチック類，紙類，生ごみ，植木ごみ，衣類，衛生用品などの有機炭素化合物のほか，金属くず，ガラス・陶磁器くず，小物家電製品などの無機化合物がある．

事業系廃棄物についても家庭系と同様であり，古紙，流通資材（箱など），生ごみ，建具などの有機炭素化合物と，廃容器（金属・ガラス類）などの無機化合物がある．

表 6.5　横浜市の家庭ごみの組成（廃棄物リサイクル技術情報一覧，1999）

形状	種類	重量比 (湿重量ベース)		容積比	
包装材・容器	紙	10.9		18.1	
	プラスチック	10.6		38.9	
	木草	0.2	28.9	0.1	62.7
	ガラス	4.4		1.8	
	金属	2.8		3.8	
その他	紙	27.8		18.0	
	プラスチック	1.1		1.9	
	繊維	4.0		3.6	
	ゴム・皮革	0.1		0.2	
	木草	5.8	71.1	5.1	37.3
	金属	1.0		0.8	
	陶磁器	0.8		0.3	
	厨芥	23.5		4.9	
	複合品	0.7		1.0	
	その他	6.3		1.5	

6.5 容器包装リサイクル法および家電リサイクル法

家庭ごみに含まれる容器包装材のリサイクルを進めるための容器包装リサイクル法が，2000（平成12）年4月から完全施行された．対象は，①ガラスびん3種類（無色，茶色，その他），②飲料缶2種類（スチール缶，アルミ缶），③紙3種類（段ボール，紙パック，その他紙製容器包装），④プラスチック2種類（ペットボトル，その他プラスチック製容器包装）の10種類である．飲料缶や紙パック，段ボールなど，資源価値のあるごみを除き，表6.6のようにそれぞれについて再商品化方法が決められている．

一方，家庭から排出される家電製品のうち，約80％は小売業者，20％は市町村によって回収されているが，半分は直接埋め立てされ，残りも一部の金属が回

表6.6 容器包装リサイクル法における分別収集の対象と再商品化方法

適用時期	容器包装	再商品化方法
1997年4月～	ガラスびん3種類 （無色，茶色，その他） スチール缶 アルミ缶 紙パック（牛乳パック） ペットボトル	カレット化 義務なし 義務なし 義務なし ペレット化など
2000年4月～	段ボール 紙製容器包装 プラスチック製容器包装	義務なし 製紙原料，建築ボード，燃料化 プラスチック原材料，油化，高炉還元，ガス化

------容器包装リサイクル法とは------

容器包装リサイクル法は，ドイツやフランスなどの法律を参考にして制定された．それら先行法との大きな違いは，最も負担の大きい「分別収集」の義務を誰が負うかにある．分別は市民，再商品化（リサイクル）は事業者が負う，という責務はドイツやフランスと同様であるが，ドイツやフランスでは分別収集の義務も事業者にある．

これに対し，わが国では市町村に責務がある．このためわが国では，容器包装リサイクル法の本来の目的である，「容器包装」の量を減らす，という結果に至っていない．500mlのペットボトルなど，減少どころかむしろ大幅に増える傾向にあり，市町村の収集義務は容器包装リサイクル法の欠陥と指摘されるところである．

収されるほかは廃棄されている．これら廃棄物の再利用を促進するため，特定家庭用機器再商品化法（家電リサイクル法）が制定された．排出者（消費者）は費用を支払って小売業者などに引き取ってもらい，製造業者には引き取り義務と再商品化実施義務があり，製品に応じたリサイクル率が設定されている．指定品目であるテレビ，冷蔵庫，エアコン，洗濯機について，リサイクル率がそれぞれ55％，50％，60％，50％と設定されている．これらはほぼ該当家電製品の含有金属量に比例する．

6.6 古　　　紙

紙の生産量は1997年で3100万トンに達している．その原料として使用される古紙は，パルプの消費量を上回り，全体の54％を占めている．生産される製品の内訳は，新聞用紙，印刷・情報用紙，包装用紙，衛生用紙，雑種紙などの紙が1827万トンであり，段ボール，白板紙，その他板紙などの板紙が1275万トンである．

6.6.1 古紙の再利用における前処理

古紙を利用した紙および板紙の製造においては，新聞紙をはじめ，印刷・情報用紙などは事前に，除塵の後，脱インキや漂白処理を行う必要がある．紙として再利用する場合には，繊維質の長さが品質に大きな影響を与えるため，古紙単独からの紙生産は不可能であり，パルプとの混合（カスケードリサイクル）が不可欠である．繊維質がかなり短い低級古紙の場合には，図6.2に示すようなアスファルトなどへの利用もなされている．なお段ボール箱などの場合には，前処理は不要である．

6.6.2 紙の利用形態

排出された段ボールのおよそ84％が，再度段ボールとして製品化されている

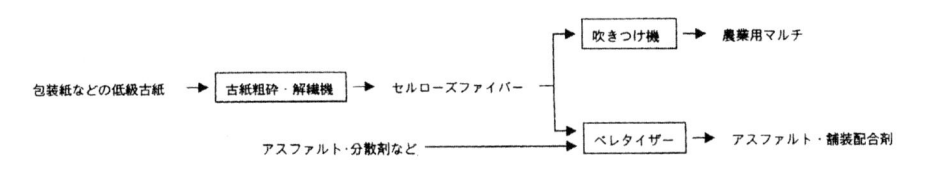

図6.2　低級古紙のセルロースファイバーとしての利用（クリーンジャパン，1998）

6.6 古紙

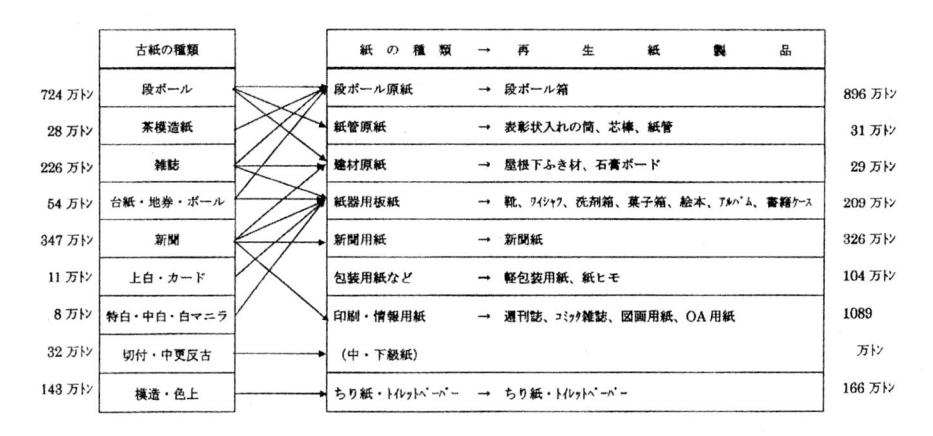

古紙の種類		紙の種類 → 再生紙製品	
724万トン	段ボール	段ボール原紙 → 段ボール箱	896万トン
28万トン	茶模造紙	紙管原紙 → 表彰状入れの筒、芯棒、紙管	31万トン
226万トン	雑誌	建材原紙 → 屋根下ふき材、石膏ボード	29万トン
54万トン	台紙・地券・ボール	紙器用板紙 → 靴、ワイシャツ、洗剤箱、菓子箱、絵本、アルバム、書籍ケース	209万トン
347万トン	新聞	新聞用紙 → 新聞紙	326万トン
11万トン	上白・カード	包装用紙など → 軽包装用紙、紙ヒモ	104万トン
8万トン	特白・中白・白マニラ	印刷・情報用紙 → 週刊誌、コミック雑誌、図画用紙、OA用紙	1089万トン
32万トン	切付・中更反古	(中・下級紙)	
143万トン	模造・色上	ちり紙・トイレットペーパー → ちり紙・トイレットペーパー	166万トン

図6.3 古紙のリサイクル（廃棄物リサイクル技術の開発事業化動向，2000）

（図6.3）．新聞は，新聞用紙や印刷・情報用紙への用途が，それぞれ51％，46％と大きい．雑誌は50％近くが段ボール原紙として使われ，40％が紙器用板紙として使われている．これら3種類が紙利用全体の80％以上を占めている．

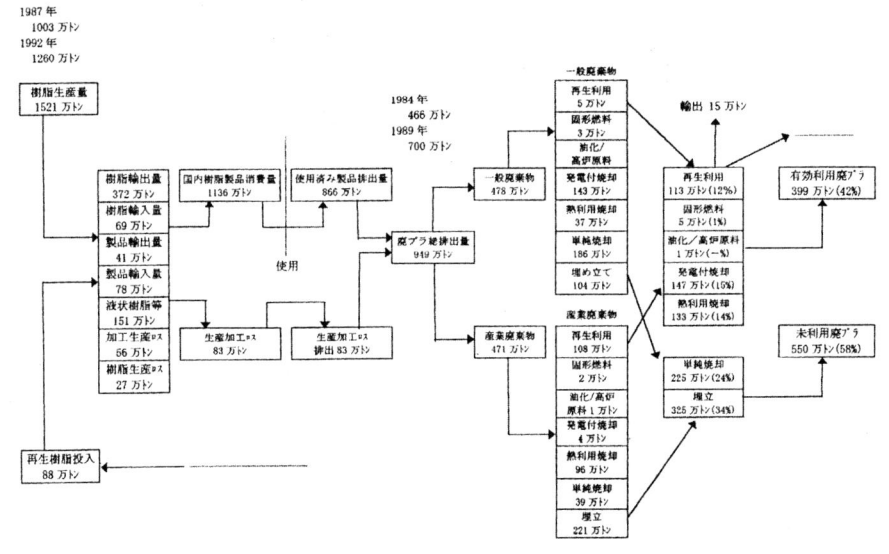

図6.4 わが国におけるプラスチックの流れ（プラスチックトゥモロー，プラスチック処理促進協会，1997）

6.7 プラスチックの再利用

プラスチック生産量は，1980年代後半に1000万トンを超え，その後順調に増えて，1997年には図6.4に示すように年間1500万トン以上生産されている．また製品として貯留されている分を除き949万トンが排出されている．内訳は一般廃棄物が478万トン，産業廃棄物が471万トンである．有効利用されている廃プラスチックは399万トン（42％）に達しているが，発電や熱利用用途で焼却されている量が280万トン（29％）を占めている．

6.7.1 プラスチックリサイクルの種類

プラスチックはモノマーとよばれる構成単位が何百から何万個も結合した材料であり，加熱によって柔らかくなり，形を変えることのできる熱可塑性樹脂と，加熱しても柔らかくならず分解するだけの熱硬化性樹脂がある．これらプラスチックのリサイクルは，表6.7のように，①マテリアルリサイクル，②ケミカルリサイクル，③フューエルリサイクル，④エネルギーリサイクルの四つに分類される．

モノマーどうしの結合を壊さずに，加熱して形を変え，プラスチック素材として再利用するのが①マテリアルリサイクル，であり熱可塑性樹脂が対象となる．

④エネルギーリサイクルは，プラスチックの直接焼却によって発電，温室・浴場・プールなどの熱源として利用する方法であり，③フューエルリサイクルは，油化して液体燃料とする，あるいは紙類や木材類と破砕成形して固形燃料として利用する方法である．③フューエルリサイクルと④エネルギーリサイクルはサーマルリサイクルともよばれるが，コスト的に現実的な処理である．しかし素材などへの利用ではないため，リサイクルに含めない場合がある．

②ケミカルリサイクルは，モノマーどうしの結合を壊すものであり，狭義ではもとのモノマーに戻し，化学原料として利用することを意味していたが，近年は

表6.7 プラスチックリサイクルの分類

①マテリアルリサイクル	素材→素材として再利用	熱可塑性樹脂
②ケミカルリサイクル	分解反応→化学原料	ペットなど
③フューエルリサイクル	分解，固形化→燃料	単独または混合固形燃料
④エネルギーリサイクル	焼却→エネルギー回収	電力・スチーム

6.7 プラスチックの再利用

> **プラスチックリサイクルの種類**
> リサイクルの名称は，国によって定義が異なるので注意が必要である．欧米では，プラスチックとして再利用するマテリアルリサイクルはメカニカルリサイクルとよばれ，また，分解などの化学変換プロセスを経るケミカルリサイクルはフィードストックリサイクルとよばれている．一方，サーマルリサイクルはエネルギー回収とされ，リサイクルではない．

広い意味で，油化や高炉還元も化学変換プロセスを含むことから，ケミカルリサイクルに位置づけられるようになった．

6.7.2 プラスチックのサーマルリサイクル

プラスチックを直接あるいはほかの可燃性廃棄物と固形化させて燃焼させ，その熱を回収する方法が広く行われている．小規模ならば温水発生器，大規模ならば廃熱回収ボイラーが用いられる．実際の運用にあたっては，プラスチック単独よりは多様な可燃性廃棄物との混合燃焼が行われている．温水発生器は，給湯や暖房などに利用される．

廃熱ボイラーでは方式によって大規模な余熱利用が可能であり，熱から電気エネルギーへの転換が行われている．この際，組成が不均質な廃棄物の燃焼を制御し，発生熱量を安定に保つことが重要である．また，排ガス中には多様な腐食性ガスも存在するため，その腐食を抑えるような蒸気温度の設定がなされている．300℃以上の高温では，塩化鉄やアルカリ鉄硫酸塩などによる高温腐食，また150℃以下では，電気化学的作用による低温腐食が起きるため，250から300℃における蒸気温度が設定されている．この温度は発電効率としては高くない温度領域である．

6.7.3 プラスチックのマテリアルリサイクル

マテリアルリサイクルは，廃プラスチックを加熱溶融・再成形して，利用する方法である．このマテリアルリサイクルは，熱可塑性樹脂を対象とし，①単一樹脂のみを集めて再ペレット化して利用する単純再生と，②物性の似た複数の樹脂を集め，溶融・成形加工して再生製品とする複合再生，の二つの方法がある．製品の品質やその均一性の維持を考えた場合，②の複合再生では，品質管理が難しいばかりでなく，場合によっては成形そのものが不可能な場合があり，適用範囲はかなり制限されている．

以上のことから①の単純再生を達成するためには，表6.8に示すようなプラス

表6.8 プラスチックの分別方法

分別方法	種類	特徴
光学的方法	X線 赤外線	プラスチックの種類により吸収率が異なることを利用 例：ペット樹脂とPVC（ポリ塩化ビニル）の分離
機械的方法	比重，風力 静電気，浮遊 溶融，溶解 衝撃	プラスチックを細かく粉砕してから処理 分別精度には限界がある 適用できるプラスチックに制限

チックの分別が不可欠である．しかし，いずれの方法も分別精度には限界があり，とくに多種類のプラスチックが混合している一般廃棄物の場合には，再利用しうる程度まで不純物を減少させることは不可能に近い．

単純再生が可能な例としてペットボトルや発泡スチロールがある．ペットボトルは，容器包装リサイクル法で回収の対象となっており，図6.5に示すような再生工程で樹脂原料化される．ペットボトルの場合には，再利用を前提とした製品つくりが行われている．得られた原料は，図6.6に示すような各種製品に再生されている．また発泡スチロール樹脂の場合にも，図6.7に示すような各種用途への利用がなされている．

このように，分別が可能な一般廃棄物や由来のはっきりしている産業廃棄物の場合には，単一組成の樹脂を集めやすいため，単純再生が可能であると考えられる．一方，通常の一般廃棄物の場合には，プラスチックに生ごみなど，さまざまな物質が付随していることが多く，洗浄が不可欠である．これら洗浄と分別の限界は，再生品の品質の劣化やコスト高に直結している．

6.7.4 プラスチックのケミカルリサイクル（油化）

廃プラスチックの熱分解油化プロセスは1970年代に盛んに研究され，現在までに表6.9に示すような利用技術が知られている．最近の熱分解方式は槽型反応

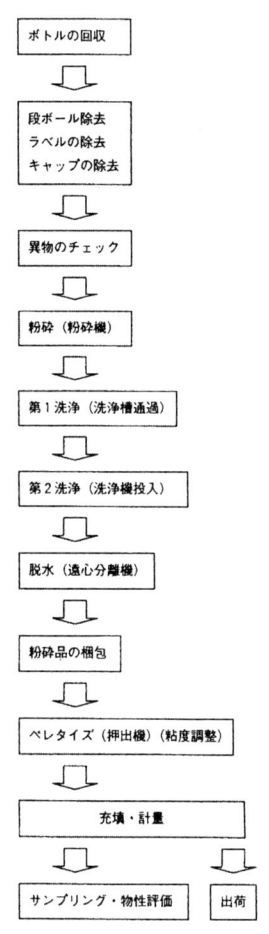

図6.5 ペットボトルの再生工程
（古橋：プラスチックエージ，1997）

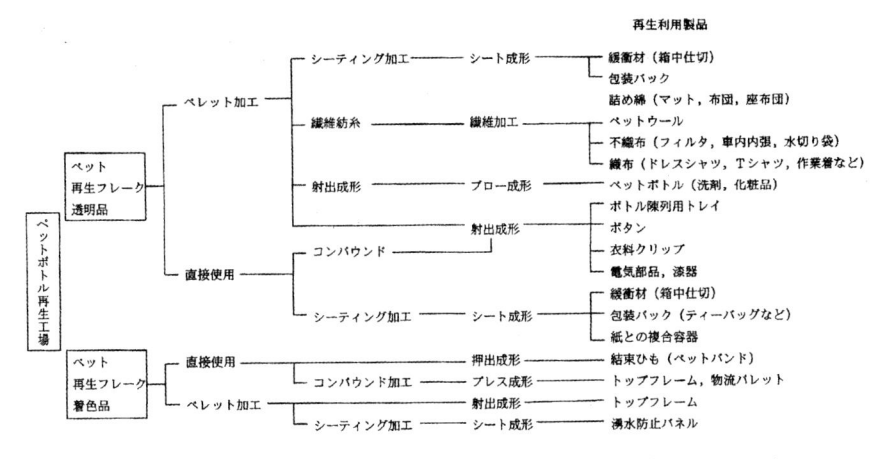

図 6.6　再生ペット樹脂フレークの用途（廃棄物リサイクル技術情報一覧, 1999）

器に限られており，生成物の軽質化を図るために，触媒の使用例が多い．最も大規模なプラントは 5000 トン/年の処理能力を有しているが，さまざまなプラントが，経済性，安定性，適応性などの点で実用化の検討が続いている状態である．

6.7.5　プラスチックのケミカルリサイクル（高炉還元）

製鉄プロセスにおいて，コークスの代替物として廃プラスチックを利用する方法が高炉還元である．製鉄プロセスにおいては，コークスによって鉄鉱石（酸化

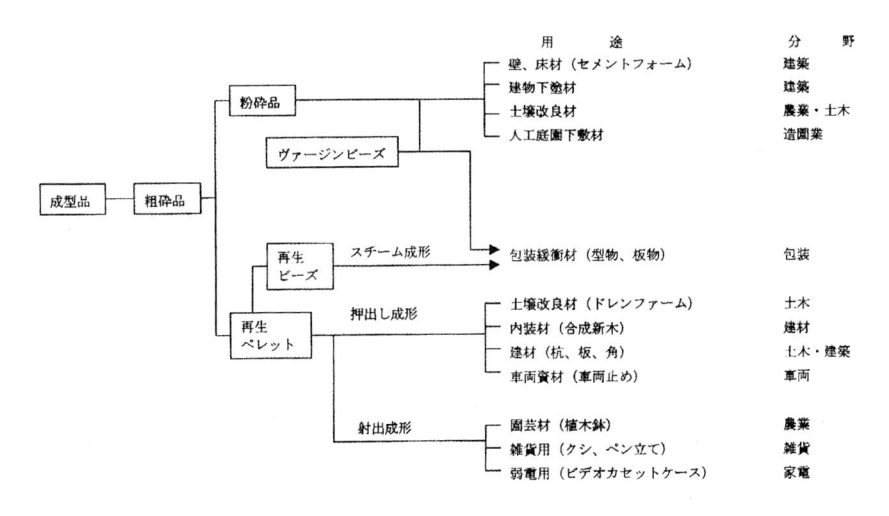

図 6.7　発泡スチロール（EPS）のマテリアルリサイクル（廃棄物リサイクル技術情報一覧, 1999）

表6.9 廃プラスチックの熱分解利用技術（廃プラスチック，1994）

方式	特徴		長所	短所	開発例
	溶融	分解			
溶融浴式	外部加熱または不要	外部加熱	●技術的に容易	●加熱設備と分解炉大	三井石化，三井造船など
二段式	外部加熱とマイクロ波による内部加熱	外部加熱前処理（脱HCl）	●溶融が容易 ●前処理により分解以降の腐食小 ●異物の混入可	●処理能力増でスクリュー増 ●プラ溶融量大でスタートや緊急停止複雑	三洋電機
スクリュー式	不要	外部加熱	●溶融の必要なし ●スクリュー攪拌加熱で分解速度大	●大型化に難点	日本製鋼所
パイプスチル式	重質油に溶解または分散	外部加熱	●加熱均一 ●油回収率大	●分解管内コーキング防止 ●均質原料必要	日揮
流動層式	不要	内部加熱（部分燃焼）	●溶融の必要無 ●分解速度大 ●大型化容易	●分解生成分に有機酸素化合物を含む	住友重機，日揮など
接触式	外部加熱	外部加熱	●分解温度低 ●ガス生成少	●炉と加熱設備大	日綿実業など

鉄）を還元している．高炉還元法は，このコークスのかわりに廃プラスチックを用いるものである．

塩素系のプラスチックが混合されている場合には，炉の損傷が懸念されるため，脱塩素工程を経て炉に投入される．工程がシンプルであり，既存の高炉を活用できることから経済性が高く，また各炉の受け入れ量も多いことから実用性も高い．

高炉還元では，プラスチックは資源としては再利用されないのでリサイクルに含まれるかどうか議論がある．しかし熱的ではなく化学的に利用されることから近年ドイツやわが国でも，ケミカルリサイクルへの位置づけがなされるようになった．マテリアルリサイクルでもケミカルリサイクルでも，プラスチック処理において課題になる分別処理などが不要なため，現実的なリサイクルとして期待が寄せられている．

6.7.6 プラスチックのケミカルリサイクル（高温水中でのプラスチックの分解反応）

近年超臨界流体が，抽出や反応媒体として注目を集めるようになった．とくに臨界温度が 374 ℃，臨界圧 22MPa である水は，高温で安定な溶媒であり，さらに，温度の上昇と共に誘電率が低くなって有機化合物を可溶化できるようになるなど興味深い特徴を有している．これら超臨界水中においては，酸素雰囲気下でダイオキシンなどさまざまな有害物質を酸化分解できることが確認されており，非酸素雰囲気でも，PET などの熱可塑性樹脂が高温水中で容易に分解することが確認されている．

プラスチックリサイクルへの社会的要請が大きくなるなかで，多様な処理技術の発展が切望されている．超臨界状態を含む高温水中においては，熱硬化性樹脂であるフェノール樹脂も容易に分解し，フェノールなどの構成単位を与えることが見いだされている．この反応では，分解生成物に水が取り込まれていることが確認されたが，これは水が熱的に安定な媒体としてではなく，化学試薬として関与していることを示している．このような処理プロセスは，溶媒が水のみであることから反応の後処理が容易であり，さらにプラスチックだけでなくさまざまな化学物質への適用が可能であるため，実用性の高いエコプロセスとしての展開が期待される．

6.8 木くず

木くずには，建設廃棄物中の廃木材，製材工場，木工所からの廃材，流通パレット，解体梱包材などがある．建設廃棄物は，排出量が徐々に小さくなっている．

水に油

水と油は，溶け合わない代表的な組み合わせである．その溶け合わない性質は，水の高い誘電率（常温で 78.5）と，有機化合物（とくにパラフィンなどの石油製品）の低い極性という，物理的な性質の違いに起因している．水は，100 ℃，200 ℃，300 ℃と高い温度になると，徐々に誘電率を下げ，臨界温度（374 ℃）では，6 程度にまで下がる．このことにより，水と油は完全に溶け合うことになる．水は熱的に安定であり，さらに超臨界状態においては粘性が低いことから，化学物質の反応には理想的な溶媒と考えられる．

建設廃棄物の中心は，アスファルトやコンクリート塊であり，平成7年度のデータでは全体の70％以上を占める．建設汚泥が10％，建設発生木材が6％程度である．

また，国内の木材需要・供給量は年間約1億1000万 m^3 程度であり，これらの利用過程で発生する工場廃材や林地残材のうち700万 m^3 がなんらかの形で有効利用されている．木くずの用途には，ボイラー用代替燃料，製紙用原料チップ，木質系ボード用原料チップ，畜産用水分調整剤，土壌改良剤，木炭などがある．

6.8.1　木くずの原料化

多量に排出される木くずの再利用にはチップ化が必要であり，木くずを一定のサイズに粉砕し，鉄などの不燃物や，紙などの可燃物を分離し，製紙用および木質系ボード用チップの生産が行われている．最終的にパーティクルボードや繊維板としての利用がなされ，木質ボードには木材繊維を接着剤で固めたものが多い．

6.8.2　木くずの燃料化

木くずは粉砕しただけ，あるいは転換処理をした後，チップ燃料，炭化燃料，液体燃料，ガス燃料などとして利用されている．チップ燃料は，長所短所はあるが，石油代替燃料の位置づけで，産業用ボイラーの燃料として広く利用されている．木炭は従来，樹木や間伐材から製造されていたが，木くずの炭化処理によって炭化燃料が製造されている．

さらに木くずの加水分解によって得られた単糖類を発酵することでエタノールが，また木くずをガス化し，合成法でメタノールといった液体燃料が合成できる．

------ 多孔質材料としての炭の魅力 ------

活性炭は，その表面吸着能によって調湿，消臭などの機能を有している．木くずの炭化によって得られる木炭も，賦活によって大きな表面積を有する多孔質材料としての機能が期待できる．近年，断熱性能のよい家が建てられ，結露による家具などのダメージや揮発性有機物質によるシックハウス症が社会問題化している．健康住宅といわれる家のなかには，これらの問題を防ぐために，床や壁に炭を埋め込む方法が採用されはじめた．これは炭が湿気や揮発性物質を吸着し，調湿や消臭効果を発揮することを期待したものである．廃木材から木炭は容易に製造できるため，廃棄物の「健康維持への貢献」の一例である．

6.9 汚　泥

　排水を活性汚泥法で処理する際，増殖したバクテリアは原生動物などに捕食されて凝集沈殿し，汚泥となる．産業廃棄物中の45％は汚泥であり，そのうちの約1/4が有機性汚泥である．

　廃棄物処理法では，動植物原材料を使用する製造業（食品加工，パルプ，繊維加工，有機化学，皮革など）の廃水処理汚泥など比較的高含水成分で，乾燥物中に多量の可燃分を含んでいる産業廃棄物（家畜ふん尿を除く）が，有機性汚泥に分類される．これら有機性汚泥の再利用は表6.10のようにまとめることができる．

6.9.1　汚泥のメタン発酵

　有機性汚泥には可燃性物質が含まれているが水分が多いため，単なる直接燃焼によるエネルギー回収は困難である．そのため，メタン発酵が実用化されてきた．ただし製紙工場や合成化学工場から排出される汚泥のように生物分解が困難な有機物を含む汚泥のメタン発酵は困難である．

　メタン発酵の第一段階は，嫌気性細菌による高分子状化合物の加水分解である．この反応によって水に可溶な酢酸，プロピオン酸などの低級脂肪酸やアルコールが生成するとともに，一部は二酸化炭素として排出される．第二段階では水可溶化物がさらに分解し，メタンなどにガス化される．通常の条件では，有機化合物の処理量は1～3％程度であるが，発酵温度などの制御により3～10％程度に

表6.10　有機性汚泥の再利用システム（廃棄物処理・リサイクル，1995）

分類	該当汚泥	用途	問題点
肥料化	肥料成分高含汚泥(屠畜場,食肉加工,乳業,大豆加工) 一般有機性汚泥(余剰活性汚泥,泥状動植物性残査)	有機化成肥料 コンポスト	臭気対策,乾燥コスト,販路 販路,輸送,コスト,配合材料確保
燃料化	濃厚汚泥(余剰活性汚泥,沈殿汚泥) 高カロリー汚泥(油泥,余剰活性汚泥)	メタン発酵 固形燃料化 燃焼	生物化学的管理,保温熱源 採算性,配合材料確保 悪臭対策,排ガス処理,補助熱源
建設材料化	焼却灰,低カロリー汚泥 一般汚泥,焼却灰	土質改良材料化 溶融骨材化	土質改良効果,ブレンド 補助熱源,運転管理,販路

まで高めることができる．

6.9.2 汚泥の焼却

大量の水分を含む汚泥は，十分に乾燥してからでないと焼却処理によるエネルギー回収は困難である．すなわち，脱水および乾燥操作に石油などの炭素資源の燃焼を利用するのは，総括的にはエネルギー損失に相当する．そのため，自然乾燥・脱水による汚泥のカロリーの増加や，紙など他の高カロリー廃棄物との混合による焼却操作などが提案されている．

6.9.3 汚泥の肥料化

農産加工工場などからの汚泥は，自然界に存在する有機資源と同等であり，肥料として土壌の改良に寄与できる．商品として流通させるためには，規格に合致した成分が必要であり，化学肥料とのブレンドなどにより，実用化されている．

しかし，第一の問題点として，汚泥中に重金属などの有害物質が混入されている危険性がある．含有量と施肥量を考え，汚染土壌に至らないように十分な考慮が必要である．また，土壌中で容易に分解し，大量の炭酸ガスを発生する場合には，発生した炭酸ガスによって植物の根の呼吸を阻害して，作物の生育に重大な悪影響を与えることも懸念される．そのため，有機性汚泥をあらかじめ好気性発酵させて炭酸ガス発生を終了させ，得られた堆肥・コンポストを完熟堆肥として農耕地へ施用することが行われている．

6.9.4 汚泥の飼餌料化

原生動物などが凝集・沈殿して得られた有機汚泥中には，生物体を構成しているタンパク質などが含まれ，それらは家畜の飼料や養殖漁業などの餌料の主成分と同じである．このため，有害物質含有の恐れのない有機汚泥については，養豚・養鶏・養殖などへの利用が可能であり，さらに脱水などの前処理が不必要なことは大きなメリットである．

6.10　繊維くずの再利用

繊維製品は，産業用，衣料用として大量に生産されており，生産工程や流通工程および製品になった後に廃棄されるものがある．多品種で少量の排出が特徴であり，設備のスケールメリットは期待できない．再利用は，図6.8のようにまとめられる．

回収された古繊維や裁ちくずなどの繊維くずは，切断によって前処理される．

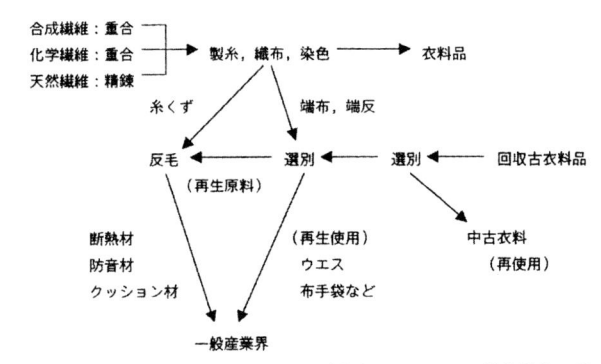

図 6.8 古衣料品および繊維くずのリサイクル（廃棄物リサイクル技術情報一覧, 1999）

その後，開繊（反毛）されるが，繊維の長さや収率が重要である．再生繊維の紡績においては，繊維長の短い不揃いの再生繊維の紡績も可能となった．

従来，半毛は原料として再利用されてきたが，その他の繊維についても，紡績原料およびフェルトや不織布などの原料しても利用可能である．さらに，産業資材として，自動車カーペットの裏打ちやプラスチック強化材，木質系床材の下面相などに使われている．

6.11 廃タイヤ，ゴムくずの利用

タイヤはゴム，カーボン，スチール，硫黄から構成されており，タイヤの柔軟性を保持した再生利用や，構成成分の特徴を活かした，セメント原料や燃料などへの利用がなされている．これらを図 6.9 にまとめて示す．

廃タイヤも，傷が少なくダメージが少ないものは，表面加工されタイヤとして再び使用される．この際，未加硫ゴムシートを貼り付けて加硫し，製品とする例が多い．

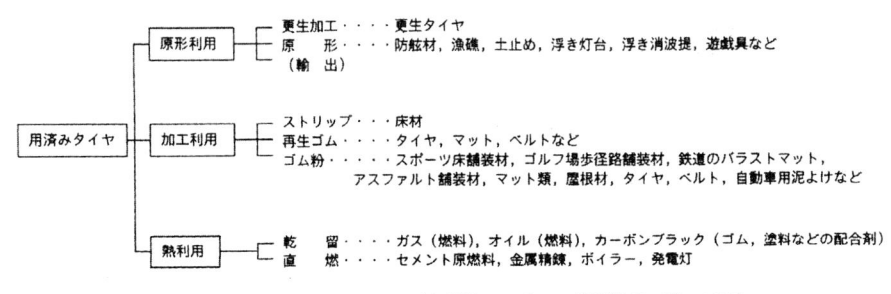

図 6.9 廃タイヤのリサイクル（廃棄物リサイクル技術情報一覧, 1999）

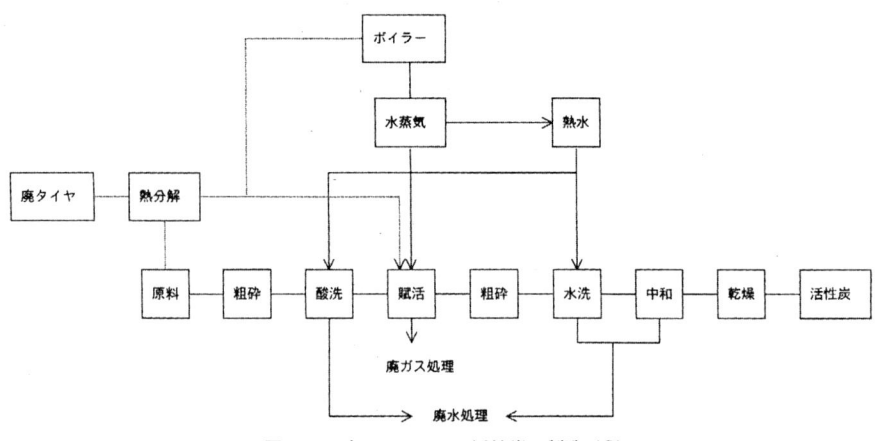

図 6.10 廃タイヤからの活性炭の製造工程

　天然ゴムの比率が高いトラックやバスなどの廃タイヤは，粉砕し，ゴム粉以外のものを除去した後，加熱してシート状にし製品とする方法も行われている．農耕用タイヤやベルト，ホースなどの工業製品にも使用されている．
　冷凍粉砕法によって得られたゴム粉は，消しゴムのほか，アスファルト舗装材に添加され，騒音が少なく，磨耗耐久性がよい，寒冷地で凍結しにくい，排水性舗装に適している，などの特徴を有する．
　タイヤは高発熱量であり，エネルギー多消費産業であるセメント製造工程への利用がなされている．タイヤを構成するスチールは酸化鉄，硫黄は石膏として石灰石や粘土と混合され，ゴムやカーボンを燃料として高温（1500℃）で処理され，粉砕してセメントとなる．
　タイヤを熱分解し，炭化することによって図 6.10 のように活性炭を製造する方法が知られている．硫黄の脱離に伴う廃ガスの処理が不可欠であるが，得られる活性炭には吸着剤などとして多様な用途が期待できる．

6.12　廃食用油

　廃食用油は，直接廃棄処分すれば土壌汚染や水質汚濁などの環境汚染を引き起こす可能性がある．また不適切に焼却処理すれば不完全燃焼による黒煙，煤塵などによって大気汚染を引き起こし，熱回収を行わない焼却は資源の無駄遣いに位置づけられる．廃食用油は，図 6.11 に示すように工業用原料や飼料などにリサ

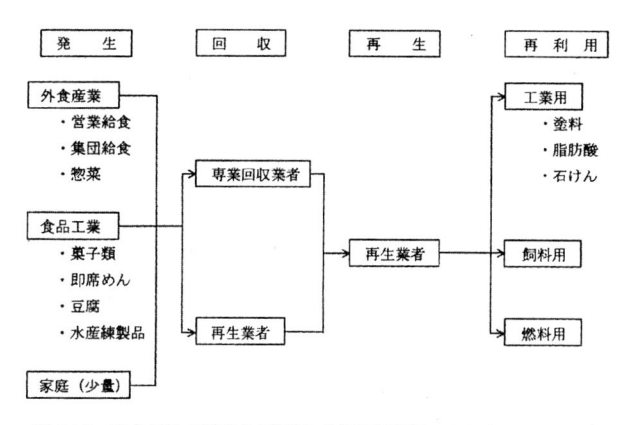

図 6.11　廃食用油の発生と再利用（廃棄物処理・リサイクル，1995）

イクルできる貴重な再生資源である．

現在，家庭からの排出量は950g/人・年程度で，全排出量の32％を占めており，外食産業が48％，食品工業などからの排出が20％程度となっている．家庭からの回収油は石鹸などへの利用例があるが，外食産業や食品産業で排出する食用油に関しては塗料，脂肪酸，石鹸，飼料のほか燃料などとして利用されている．

6.13　動植物性残査

動植物性残査は，排出場所において付加価値の高い製品などへの利用がなされている．もみ殻については，水分を30％程度に調整した後，150〜180℃，5〜10気圧の処理で粗飼料，吸着剤，堆肥原料，水分調整剤，土壌改良剤などとしての利用がなされている．ホップかすは，発酵により，適度な窒素・リン酸・カリウムを含む肥料となる．豆腐かすは，発酵・脱水・凝集によって，保存性の向上された飼料が得られている．アミノ酸かすは，発生量，需要量に応じて肥料化および燃料化が行われている．

動物性残査（魚腸骨や内臓など）は100℃以上で蒸煮し，油脂やタンパク質などの回収が行われている．魚の内臓および骨は，メタン発酵によって，メタンガスと有機肥料として利用されている．水産加工工程から排出される加圧浮上スカムは，油脂分だけを選択的に分解する菌を用いて肥料に変換し，さらに余剰活性汚泥も肥料化されている．

これら有機性資源は，表6.11に示すような嫌気性分解によって，メタン化が

表6.11 嫌気性分解のプロセス（生物系廃棄物資源化リサイクル技術, 2000）

有機化合物	第一段階 (作用)	生成物	第二段階 (作用)	生成物
炭水化物	酵母 乳酸菌 プロピオン酸菌 大腸菌 酢酸菌 その他	ガス類：炭酸ガス, 水素 アルコール類：エタノール, プロピルアルコール, ブチルアルコール他 脂肪酸類：ギ酸, 酢酸, プロピオン酸, 酪酸など その他の酸：乳酸, コハク酸など	メタン菌 硝酸塩還元菌 脱窒素菌	炭酸ガス メタン
脂肪	脂肪分解菌 酵母 大腸菌 プロピオン酸菌 酪酸菌他	脂肪酸 グリセリン ガス類：炭酸ガス, 水素 酸類：ギ酸, 酢酸, プロピオン酸, 酪酸, 乳酸, コハク酸など アルコール類：エタノール, ブチルアルコール	メタン菌 硝酸塩還元菌 脱窒素菌	炭酸ガス メタン
タンパク質	タンパク質分解微生物	アンモニア 炭酸ガス 硫化水素 アミノ酸 脂肪酸	メタン菌	炭酸ガス メタン アンモニア

行われている．それぞれ第一段階では水溶性化合物に分解し，さらに第二段階でメタンなどへ分解される．

6.14 家畜ふん尿

家畜ふん尿中には，いわゆる肥料成分のほかに有機物を大量に含んでおり，肥料あるいは土壌改良剤として緑農地還元に有効である．ただし土壌の性質や還元時期，その方法などについては事前の調査検討が不可欠である．

家畜の飼育によって排出されるふん尿のうち固形分は，稲わらやおがくずと混合しコンポスト化が行われる．水分が多いため乾燥などの前処理を行い，好気性微生物を利用してコンポスト化を行うが，発酵程度は温度測定や発生ガス，炭素率などの測定によって行われる．家畜のふんを液状化し，メタン発酵による燃料化が行われている．

6.15 生ごみのコンポスト化

一般ごみの排出抑制を目的に，ごみを有料化する自治体が増えつつある．家庭

6.15 生ごみのコンポスト化

においては，生ごみ処理はごみ排出量を減らす有力手段であり，ごみの自家処理に位置づけられる．

生ごみ処理には，表6.12に示すように，乾燥方式と微生物方式がある．乾燥方式は処理が簡便であるが，資源としての利用には制限がある．一方，微生物処理は時間と手間はかかるものの，堆肥資源などとしての再利用が可能である．微生物処理における有機成分の変化を図6.12に示した．高温の前発酵によって腐食が進行し，後発酵によって堆肥化が完了する．

表6.12　生ごみ処理における乾燥方式と微生物分解方式
（生物系廃棄物資源化リサイクル技術，2000）

- 乾燥方式の特徴
  - ①小型化が可能……生ごみの入る空間があればよい
  - ②反応が安定……二次分解などがない
  - ③短時間処理……バッチ処理で3～4時間
- 微生物分解方式の特徴
  - ①低運転費が可能……発熱反応
  - ②分解率が高い……残査取り出しの手間が乾燥方式に比べて1/3
  - ③リサイクルが容易……乾燥方式は有機物が分解しておらず堆肥化が困難
  - ④二酸化炭素発生量小……乾燥方式に比べて約1/2

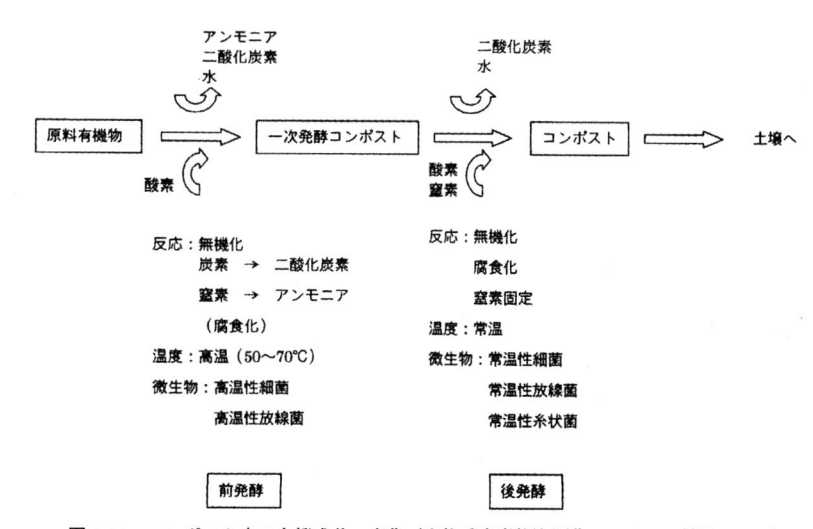

図6.12　コンポスト中の有機成分の変化（生物系廃棄物資源化リサイクル技術，2000）

6.16 ご み 発 電

ごみの焼却によってエネルギーの回収がなされている．燃焼状態や熱の利用形態によって，図 6.13 に示すように空気の形での熱利用（高温空気や温水としての利用），蒸気の形での利用（電力，高温水，蒸気などとしての利用），温水の形での利用（温水としての利用）がなされている．

ごみ焼却による熱利用の際に問題になるのがばい煙の処理である．ばい煙中には，表 6.13 に示すように，粒子状物質，硫黄酸化物，窒素酸化物のほか，有害

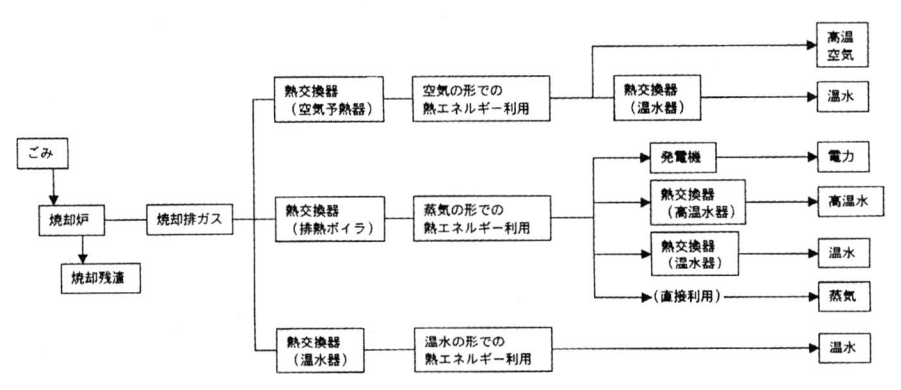

図 6.13　焼却排熱のエネルギー変換による熱利用技術（東：日本エネルギー学会誌，1993 など）

表 6.13　ばい煙の処理

- ばいじん処理
  サイクロン式集塵機：慣性力利用
  電気集塵機：クーロン力利用
  ろ過式集塵機：バグフィルタ
- 硫黄酸化物および塩化水素処理
  湿式法：アルカリによる中和
  半乾式法：スラリ状のアルカリ（消石灰など）噴霧
  乾式法：アルカリ粉体吹き込み
- 窒素酸化物処理
  運転制御法：冷却空気導入による温度制御
  無触媒脱硝法：アンモニアや尿素を還元剤として噴霧
  触媒脱硝法：酸化物触媒
- その他の有害物質処理
  ダイオキシン：処理温度制御，吸着除去
  重金属：吸着除去

> **ごみ焼却**
>
> 平野が狭く人口密度が高いわが国では，伝染病の蔓延を防ぐなど，衛生上の問題から焼却によるごみ処理が広く行われてきた．その結果，焼却施設の数は世界の 70 % ともいわれている．ダイオキシンは，農薬などの不純物として非意図的に合成されたものであるが，燃焼によっても生成することが確かめられており，その量は全ダイオキシン発生量の 90 % と見積もられている．従来，問題ないとされてきた自家焼却の自粛は大きな議論を巻き起こしているが，生活と廃棄物，そしてその処理を考える上でよい機会になっている．

有機化合物，有害重金属などが含まれている．これらは，フィルタを用いた吸着除去やアルカリ化合物などによる除去が行われている．

7
資源とエネルギー

7.1 一次エネルギーとは

　石油, 石炭, 天然ガス, 原子力エネルギー, 自然エネルギーなどは自然界から直接得られるエネルギー源であり, これらを一次エネルギーという. 一次エネルギーは, 表7.1に示すようにさらに化石エネルギーと非化石エネルギーに分類される.

　ガソリン, 灯油, 軽油などの石油製品, 電気, 都市ガス, 製鉄用のコークスなどは, 一次エネルギーを製油所や発電所, 都市ガス工場などで加工, 転換したものであることから, 二次エネルギーとよんでいる. 廃棄物から得られるエネルギーも二次エネルギーである.

表7.1　エネルギーの種類

エネルギーの種類	一次エネルギー資源など	二次エネルギー供給資源
化石エネルギー	直接燃料 ●石炭 ●石油 ●天然ガス	間接燃料 ●オイルサンド ●オイルシェール ●石炭（ガス化, 液化） 石油製品 ●ガソリン ●軽・重油など
非化石エネルギー	原子力エネルギー ●核分裂 ●核融合 自然エネルギー ●水力 ●風力 ●海洋 ●地熱 ●太陽	廃棄物エネルギー ●ごみ廃棄物 ●有機廃棄物

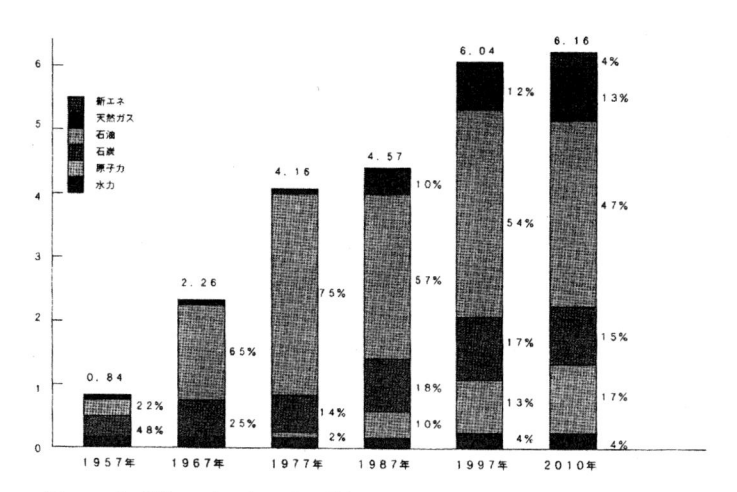

図 7.1 わが国の一次エネルギー需給の推移（単位：石油換算億キロリットル）
（資源エネルギー庁：総合エネルギー統計ほか）

石炭は，わが国を含め世界的に広い地域で産出し，埋蔵量も豊富である．このことから，19世紀から20世紀初頭にかけて，エネルギー資源としての利用が広く実用化され，工業生産の飛躍的な伸びを支えた．20世紀に入ると，ガソリンや重油を用いる動力用エンジンが普及し，固体である石炭にかわって流体系の石油が大量に生産されるようになった．

7.2 一次エネルギーの需要の推移と見通し

わが国の一次エネルギー総供給量における石油のシェアは，1957年度には22％であったが，高度成長とともに増加し，1977年度には75％に達した．石油ショックを経て1997年度には54％にまで減少し，2010年度には，さらに47％まで低下するとの見通しがなされている（図7.1）．しかし，減少率は石油ショック直後の見通しよりも小さく，これは石油代替エネルギーの導入の遅れを反映している．

一方，石炭は，1957年以降，石油への転換が図られて，48％から14％まで減少したが，資源の多様な利用を図るなかで，需要産業の活動水準の変化に対応した供給を果たしている．

もうひとつの化石資源である天然ガスの供給量は，石油ショック以降に大幅に増加し，1997年には12％に達した．表7.2に示すように，単量あたりの発熱量

表7.2 有機炭素資源の発熱量の比較

燃料	発熱量 (kcal/kg)	水素/炭素原子比
ガソリン・重油など石油系燃料	～10000	1.7～1.8
石炭	5000～7000	0.6～0.9
木材	石炭の半分以下	
天然ガス	13000	3.9～4.0
水素	23850	∞

の大きな資源であり，環境問題への対応を反映して，2010年には13％になる見通しがなされている．

　一方，非化石エネルギーについては，一次エネルギー総供給量における原子力のシェアが，石油ショック以降，確実に増加している．1987年には10％，1997年には13％，2010年には17％に増加するとの見通しがなされている．また新エネルギーの一次エネルギー供給に占める割合は，2010年には4％となる見通しである．

7.3 二次エネルギーの需要見通し

　電力はそのクリーン性，安全性および利便性などから，今後も総エネルギー需要に占める割合は増加すると予測される．都市ガスも，ガスコジェレーションの一層の普及などを背景に着実に増加する見込みがなされている．石油製品については原料用および燃料用需要は減少しているが，輸送用需要は堅調に増加する見込みである．またLPGは民生用需要の堅調な伸びが見込まれ，さらに軽油トラックの代替としての環境負荷の少ないLPG自動車の増加が考えられることから，確実に増加する見込みである．さらに，新たな供給形態として，太陽光発電などの再生可能エネルギー，廃棄物発電などのリサイクル型エネルギー，コジェネレーションなどの従来型エネルギーの新利用が考えられ，これらの合計が二次エネルギー消費に占める割合は，2010年には6％と大きくなる見通しがなされている．

7.4 資源の有限性

　第一次および第二次石油ショックを経て，石油資源の有限性が強く認識された．エネルギー資源の長期的・安定的確保は非常に重要であることから，省エネが最

表 7.3　石油代替エネルギーの開発

- 化石エネルギー
  天然ガス ＞ 石油 ＞ 石炭
- バイオマスエネルギー
- 原子力
- 自然エネルギー
  ① 太陽光発電
  ② 地熱発電
  ③ 風力発電
  ④ 海洋発電
- 水素エネルギー
- 燃料電池

も重要な方策になる．さらに，石油代替エネルギーの開発が不可欠である．表7.3に示すように石油代替エネルギーの開発には，①石油の寿命を長くするための化石資源の効率的利用，②原子力発電の利用，③再生産可能なエネルギーである自然エネルギー利用技術の開発，があげられる．天然ガスは，石油同様に流体系の燃料であり，100年にも及ぶ寿命がある．同じ発熱量を得るためには，天然ガスは，石油の3/4，石炭の3/5の二酸化炭素発生量である．またオイルサンドやオイルシェールの有効利用技術の開発も，石油系燃料の寿命を延ばすためには重要である．

表 7.4　新エネルギー技術開発

サンシャイン計画プロジェクト	ムーンライト計画プロジェクト	ニューサンシャイン計画プロジェクト
● 全国地熱資源総合調査 ● 深層熱水供給システム ● 褐炭液化 ● 石炭利用水素製造 ● 石炭ガス化複合サイクル発電 ● 高カロリーガス化 ● 水素製造技術 ● 水素利用技術 ● 高性能分離膜複合メタン製造	● 排熱利用技術システム ● 電磁流体（MHD）発電 ● 高効率ガスタービン ● 汎用スターリングエンジン ● 新型電池電力貯蔵システム ● スーパーヒートポンプエネルギー集積システム	● ソーラーシステム ● 太陽光発電 ● 地熱探査技術等検証調査 ● 熱水利用発電システム ● 高温岩体発電システム ● 瀝青炭液化 ● 大型風力発電 ● 燃料電池発電技術 ● 超電導電力応用技術 ● セラミックガスタービン ● 分散型電池電力貯蔵技術

7.5 エネルギーを安定的に獲得するための国家的計画

1973年末の第一次石油危機の頃，日本の石油依存率は75％以上と高かった．そのため当時の新エネルギー開発は，主として石油代替エネルギー開発であり，サンシャイン計画では表7.4に示したように，石炭の液化・ガス化，地熱利用技術，太陽エネルギー利用技術の開発が行われた．省エネルギー技術開発のためのムーンライト計画は，その後サンシャイン計画とともにニューサンシャイン計画に統合された．

7.6 環境問題との関係：エネルギー利用と二酸化炭素の放出量

地球温暖化問題を契機とし，二酸化炭素排出削減が叫ばれるようになった．COP3（気候変動に関する国際連合枠組み条約第3回締約国会議）において，各国の二酸化炭素排出目標が設定され，わが国は2010年における排出量を1990年の水準の6％削減とすることを約束した．

わが国の1990年における二酸化炭素排出量は，炭素換算で2億8700万トンである．1996年における排出量は3億1400万トンであることから，年率9％も増えている．現状維持（年率9％上昇）のままだと，2010年には3億8100万トンに達する．1990年レベルの排出量を6％削減した量は2億7000万トンであることから，予想量である3億8100万トンを29％削減する必要がある（図7.2）．

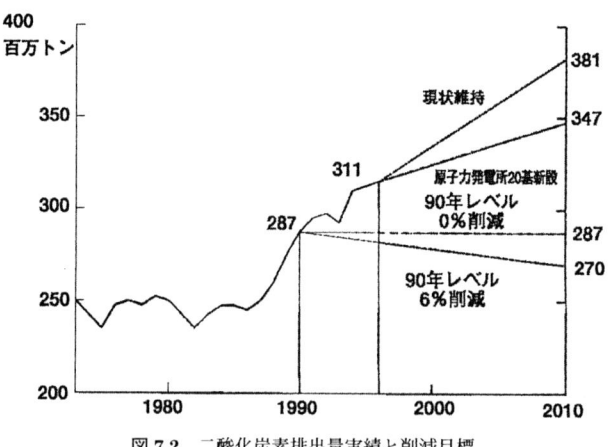

図7.2 二酸化炭素排出量実績と削減目標

> **大気中の二酸化炭素濃度**
>
> 19世紀後半から100年の間に，大気中の二酸化炭素量は，100 ppm近くも上昇した．これは化石資源の燃焼と，熱帯雨林などバイオマス資源の減少によるものである．このまま化石資源を燃料として使い続けると，現在350 ppm（0.035 %）に達している二酸化炭素量は，どれくらいになるのだろうか．有機炭素資源も有限であることから，化石資源の究極の可採埋蔵量をすべて燃やした場合，1750 ppmになるとの試算がなされている．この値がどのような影響を与えるか予想できないが，少なくとも化石資源が有限であることを忘れてはいけない．

この約束を遂行するために，原子力発電所の建設が考えられている．原子力発電所を20基建設することで，3400万トンの削減が期待できる．さらに必要な削減は，省エネなどによって達成する必要がある．不況などによって排出量の低減も考えられるが，現状ではかなり厳しいと考えられる．

参考文献

第1章
1) 矢野恒太郎記念会：世界国勢図絵, 国勢社, 1999.
2) 宮田秀明：ダイオキシン, 岩波新書, 1999.
3) 日本化学会編：ダイオキシンと環境ホルモン, 東京化学同人, 1998.

第2章
1) 冨永博夫・神谷佳男：有機プロセス化学, 丸善, 1981.
2) 森田義郎・吉富末彦：改著 石油化学とその工業, 昭晃堂, 1989.
3) 石油学会編：新石油精製プロセス, 幸書房, 1984.
4) 石油学会編：新石油化学プロセス, 幸書房, 1986.
5) J. J. ベルビー（門田光博訳）：世界の石油史, 幸書房, 1966.
6) D. ヤーギン（日髙義樹・持田直武訳）：石油の世紀―支配者たちの興亡―, 日本放送出版協会, 1991.
7) 村上勝敏：世界石油史年表―国際石油産業の変遷―, 日本石油コンサルタント, 1975.
8) 化学工業年鑑, 化学工業日報社, 1999.
9) 石油化学工業の現状, 石油化学工業協会, 2000.
10) 今日の石油産業, 石油連盟, 2000.
11) 石油情報資料, 石油情報センター, 2001.

第3章
1) 神谷佳男・真田雄三・富田 彰：石炭と重質油―その化学と応用―, 講談社サイエンティフィク, 1979.
2) 触媒学会編：C_1ケミストリー 未来を創る化学, 講談社サイエンティフィク, 1984.
3) 化学工学協会編：石炭化学工学, 化学工業社, 1986.
4) 安藤淳平：世界の排煙浄化技術, 石炭技術研究所, 1990.
5) 西岡邦彦：太陽の化石"石炭", アグネ叢書2, アグネ技術センター, 1990.
6) エネルギー総合工学研究所石炭研究会編：石炭技術総覧, 電力新報社, 1993.

第4章

1) 日本エネルギー学会天然ガス部会編：よくわかる天然ガス―新しいエネルギー資源のすべて―, 日本エネルギー学会発行, コロナ社発売, 1999.
2) K. Weissermel and H.-J. Arpe（向山光昭監訳）：工業有機化学―主要原料と中間体―（第4版）, 東京化学同人, 1996.
3) 日本化学会編, 藤元　薫・八嶋建明著：有機プロセス工業, 大日本図書, 1997.

第5章

1) 寺田　弘・筏　英之・高石喜久：地球にやさしい化学, 化学同人, 1995.
2) 横山孝男・長谷川雅康・多賀谷英幸・廣瀬宏一：環境資源と工学, 朝倉書店, 1997.
3) 園田　昇・亀岡　弘：有機工業化学, 化学同人, 1997.
4) 土肥義治編：生分解性高分子材料, 工業調査会, 1990.

第6章

1) 廃棄物リサイクル技術情報一覧, クリーン・ジャパンセンター, 2001.
2) 廃棄物リサイクル技術の開発事業化動向, 日本機械工業連合会, クリーン・ジャパンセンター, 2000.
3) 産業リサイクル事典, 産業調査会, 2000.
4) 廃棄物処理・リサイクル, 産業調査会, 1995.
5) 廃棄物リサイクル技術情報一覧（家庭系排出物編）, クリーン・ジャパンセンター, 1999.
6) 廃プラスチック　サーマル＆ケミカルリサイクリング, 化学工業日報, 1994.
7) 生物系廃棄物資源化リサイクル技術, エヌ・ティー・エス, 2000.

第7章

1) 資源エネルギー年鑑, 通産資料調査会, 1999.
2) エネルギー・資源リサイクル, 化学工学会, 1996.

中略 — 索引ページ

索 引

欧 文

C₁化学　85
IGCC　61
LNG　78
LNG火力発電　81
LPG　71
LPG自動車　140
Monsant法　89
MTG　89
PDB　70

ア 行

亜酸化窒素　66
アスファルテン　57
アセテート　103
圧縮天然ガス　84
アニリン　3
アミノ多糖　98,104
アミロース　109
アミロペクチン　109
アルカリセルロース　102
アルギン酸　98,110
アルコール発酵　113
亜歴青灰　36
アレニウスの式　51
アンモニア製造法　88

硫黄酸化物　62
異性化　31
異性化反応　26
一次エネルギー　40,75,81,138
一般廃棄物　116,122,124
移動層　54

液化　54
液化石油ガス　71
液化天然ガス　78
液空間速度　27

液相吸着分離法　29
エタノール　99,113
エタンの熱分解　22
エチレン　93
エネルギー換算　75
エネルギー資源　112
エネルギー消費量　40
エネルギーリサイクル　122
塩基性多糖　108

黄鉄鉱　36,57,64
汚泥　129
オレフィン製造プロセス　17
オレフィン製造法　92
オレフィンの用途　24
オレフィン誘導体　24
温室効果ガス　80

カ 行

海草類　110
海洋生物　98
化学企業　4
化学工業　1
化学的固定　112
架橋　39
架橋形成　43
確認可採埋蔵量　74
確認埋蔵量　7,34
可採年数　34,75
可採埋蔵量　8
ガス化　49
ガス化技術　54
ガス化速度　51
ガスキャップガス　70
ガス境膜内拡散　52
カスケードリサイクル　120
ガス田ガス　71
ガス灯　2
ガス冷房　82
化石エネルギー　138

化石資源　96
化石燃料　94
ガソリン製造法　89
ガソリン留分　15
家畜ふん尿中　134
活性化エネルギー　52
活性炭　132
活性表面積　54
褐炭　36,39
家電リサイクル法　119
紙　101
環境　5
環境ホルモン　5
含酸素官能基　35,39
乾性ガス　69
間接液化　57

木くず　127
キシレン異性体　30
キチン　97,104
キトサン　104
揮発分　35,47
究極可採埋蔵量　75
急速熱分解　46
吸着ガス　72
キュプラ　102
凝集剤　108
強粘結灰　36,44
共有結合　40
気流層　54
気流層ガス化　61

クチクラ　106
グラファイト　54
グルコース　99,109,113
グルロン酸　110
クロロメタン類製造法　90

軽質原油　15
軽油留分　15
ケーシングヘッドガス　69

148　索　引

結合解離エネルギー　43
結晶化法　29
ケミカルリサイクル　124
ケロージェン　10,70
原始埋蔵量　74
原子力　140
原子力発電　143
建設廃棄物　127
元素分析　35
原油　10
　——の成分　14
原油生産量　8
原料炭　44

高温熱分解反応　19
高温熱分解プロセス　22
こう解　101
工業分析　35
光合成　94
合成ガス　49,50,57,85
合成ガソリン　86
合成染料　2
　——の発見　3
構造性ガス　69
鉱物資源　94
鉱物質　34,53
高炉還元　123,125
コークス製造　44
古紙　102,120
コジェネレーション　82
コジェネレーションシステム　25
固定炭素　35
ごみ発電　136
コールクリーニング法　64
コールベッドメタン　72,76
コンバインドサイクル発電方式　82
コンポスト　130,134

サ　行

細孔内拡散　52
最終処分場　4,116
再生セルロース　99
在来型天然ガス　70
酢酸製造法　89
サトウキビ　99,113
サーマルリサイクル　123
産業革命　2

産業廃棄物　116,122,124,129
サンシャイン計画　142

シアン化水素製造法　89
シェールガス　73
ジオプレッシャードガス　74
事業系廃棄物　118
資源量　74
自然エネルギー　141
湿性ガス　69
シフト反応　49
シャトリング　57
重質原油　15
重縮合反応　43,45
手術用縫合糸　108
循環型社会形成推進基本法　118
循環流動層　48
常圧残油　15
省エネルギー　142
触媒ガス化　53
触媒の再生　28
シール　71
新エネルギー技術開発　141
人工皮膚　108
深層天然ガス　73

水蒸気改質　49,87
水蒸気ガス化　49
水素移動　56
水素ガス化　49
水素化精製　27
水素化熱分解　46
水素供与　46
水素供与性溶剤　56
水素結合　40
スイートソルトガム　98
水分　35
水溶性ガス　71
スチームクラッカー　23
スラリー床反応器　59

製紙用パルプ　100
生殖毒性　5
生物量　94
生分解性　107
生分解性プラスチック　110
精密蒸留　29
世界人口　6
石炭　33
　——の化学構造　37

石炭ガス　69
石炭ガス化複合発電　61
石炭資源化学　33
石炭消費量　40
石油
　——の可採年数　8
　——の埋蔵量　7
　——の輸送　10
　——の歴史　8
石油化学原料　17
石油化学工業　12
石油化学コンビナート　12
石油化学製品　12
石油根源岩　70
石油資源化学　7
石油ショック　140
石油随伴ガス　69
石油精製　15
石油製品　11
石油代替エネルギー　90,141
石灰石　48,62
接触改質　25
接触改質反応用触媒　26
接触改質プロセス　27
セメント　132
セルロース　97,99,104,113
セルロースファイバー　120
繊維くず　130
選択接触還元法　66

総合効率　82
藻類　98

タ　行

ダイオキシン　5
タイトサンドガス　73
タイトフォーメーションガス　73
脱アルキル化　30
脱揮発分過程　41
脱水素環化反応　26
脱水素反応　26
多糖類　97,99
タトレイ法　31
タール　2,44
単位発熱量　81
炭化水素　18
炭化度　37
炭酸ガス改質法　87

索　引

炭素鎖成長確率　58
炭素同位体組成　70
炭田ガス　72

地球温暖化　80,140
地球環境問題　60
窒素酸化物　64
チップ　128
チャー　47
超臨界流体　127
直接液化　55
貯留岩　71
貯留構造　71

低NO_xバーナ　65
天然ガス　69
　──の貿易　78
天然ガス自動車　84
天然ガス生産量　75
天然ガス組成　70
天然繊維　102
天然多糖　104,110
デンプン　109

動植物性残査　133
動物性残査　133
トウモロコシ　99
灯油留分　15
都市ガス　82
土壌改良剤　128,134
トランスアルキル化反応　31
トリアセテート　103
トルイジン　3

ナ 行

内分泌攪乱化学物資　5
ナフサ　14,17
ナフサ分解生成ガス　23
ナフテン基原油　17
生ごみ処理　135
軟化溶融　42

二元機能触媒　26
二酸化炭素　60,95,112,144
二酸化炭素排出原単位　81
二酸化炭素排出削減　142
二酸化炭素発生量　81
二次エネルギー　82,140
二段燃焼　65

ニューサンシャイン計画　142
二硫化炭素製造法　90

熱化学方程式　81
熱可塑性樹脂　123
熱効率　82
熱分解　41,47
熱分解起源　70
熱分解フラグメント　43
熱分解メカニズム　20
熱併給発電　82
粘結性　36
粘結炭　36
燃焼　47
燃焼改善　65
燃焼熱　47
燃料電池　62,84
燃料比　35

農林水産廃棄物　97
ノーブルユース　13

ハ 行

ばい煙　136
排煙処理　65
排煙脱硫　62
バイオマス　94
廃棄物　111
廃食用油　132
廃タイヤ　131
廃炭素資源　115
パイプライン　78
灰分　35
バイメタル触媒　28
発電効率　61
発電用燃料　41,60
発熱量　36
バブリング型流動層　48
パラフィン基原油　15
パルプ　100
バレル　18
半合成繊維　103
半再生式接触改質プロセス　27
反応熱　49

非共有結合　40
火格子燃焼　48
非在来型天然ガス　72
微生物発酵起源　70

ピッチ　44
ピーディーベレムナイト　70
微粉炭　54
微粉炭燃焼　47,61
頻度因子　52

フィッシャー-トロプシュ合成
　　57,88
不均化　31
複合改質法　87
ブドアール反応　49
部分酸化　49,51
部分酸化法　87
フューエルリサイクル　122
フライアッシュ　48
プラスチックリサイクル　122
フリーガス層　72
分別　124
噴流層　54

平均寿命　6
平衡定数　50
ペットボトル　124
ヘミセルロース　97,100,105
変換効率　82

帽岩　71
芳香族クラスター　39
芳香族製造プロセス　25
芳香族炭化水素　29
膨張性　36
母岩　70
ポリカチオン　108
ホルムアルデヒド製造法　89

マ 行

埋蔵量　74
マテリアルリサイクル　123
マリンバイオマス　109
マンヌロン酸　110

無煙炭　36
無機硫黄　36,64
無水無灰基準　35
ムーンライト計画　142

メタジェネシス　70
メタノール　86,88
メタノール製造法　88,91

メタン　89
　——のカップリング反応　90
メタンハイドレート　72,77,92
メタン発酵　129,133
メチルシクロペンタン　26

木材のプラスチック化　106
木質繊維組織　33
木炭　128
モーブ　3

ヤ 行

薬理活性　108

有害化学物質　4
有機硫黄　36
有機汚泥　130
有機化学工業　2

有機資源　94
有機性汚泥　129
有機炭素資源　3,115
遊離ガス　72
遊離基連鎖反応　31
遊離性ガス　69
油田ガス　70
油溶性ガス　69
油料作物　99

溶解ガス　70
溶解パルプ　100
容器包装リサイクル法　119,124
溶媒抽出法　29

ラ 行

ライフサイクル　81
ラジカル連鎖　22

リグニン　97,100,105
リサイクル　117,119,122,132
律速段階　52
流動層　54
流動層燃焼　48,63
リユース　117

冷熱　84
冷熱発電　84
歴青炭　36
レーヨン　102
連鎖担体　30

炉内脱硫　63

著者略歴

多賀谷英幸（たがやひでゆき）
1955年　群馬県に生まれる
1980年　東北大学大学院工学研究科修士課程修了
現　在　山形大学工学部物質化学工学科教授
　　　　工学博士

進藤隆世志（しんどうたかよし）
1958年　秋田県に生まれる
1982年　東北大学大学院工学研究科修士課程修了
現　在　秋田大学工学資源学部環境物質工学科助教授
　　　　工学博士

大塚康夫（おおつかやすお）
1946年　宮城県に生まれる
1976年　東北大学大学院工学研究科博士課程修了
現　在　東北大学多元物質科学研究所教授
　　　　工学博士

玉井康文（たまいやすふみ）
1956年　東京都に生まれる
1983年　東北大学大学院工学研究科博士課程修了
現　在　日本大学工学部物質化学工学科教授
　　　　工学博士

門川淳一（かどかわじゅんいち）
1964年　愛媛県に生まれる
1992年　東北大学大学院工学研究科博士課程修了
現　在　鹿児島大学大学院理工学研究科教授
　　　　工学博士

応用化学シリーズ 2
有機資源化学　　　　定価はカバーに表示

2002年4月10日　初版第1刷
2018年1月25日　　　第10刷

著　者　多　賀　谷　英　幸
　　　　進　藤　隆　世　志
　　　　大　塚　康　夫
　　　　玉　井　康　文
　　　　門　川　淳　一
発行者　朝　倉　誠　造
発行所　株式会社　朝　倉　書　店
　　　　東京都新宿区新小川町 6-29
　　　　郵便番号　162-8707
　　　　電　話　03(3260)0141
　　　　FAX　03(3260)0180
　　　　http://www.asakura.co.jp

〈検印省略〉

© 2002〈無断複写・転載を禁ず〉　　　新日本印刷・渡辺製本

ISBN 978-4-254-25582-9　C 3358　　　Printed in Japan

JCOPY ＜(社)出版者著作権管理機構 委託出版物＞
本書の無断複写は著作権法上での例外を除き禁じられています．複写される場合は，そのつど事前に，(社)出版者著作権管理機構（電話 03-3513-6969, FAX 03-3513-6979, e-mail: info@jcopy.or.jp）の許諾を得てください．

好評の事典・辞典・ハンドブック

物理データ事典 　　　　　　　　　　日本物理学会 編　B5判 600頁
現代物理学ハンドブック 　　　　　　鈴木増雄ほか 訳　A5判 448頁
物理学大事典 　　　　　　　　　　　鈴木増雄ほか 編　B5判 896頁
統計物理学ハンドブック 　　　　　　鈴木増雄ほか 訳　A5判 608頁
素粒子物理学ハンドブック 　　　　　山田作衛ほか 編　A5判 688頁
超伝導ハンドブック 　　　　　　　　福山秀敏ほか 編　A5判 328頁
化学測定の事典 　　　　　　　　　　梅澤喜夫 編　A5判 352頁
炭素の事典 　　　　　　　　　　　　伊与田正彦ほか 編　A5判 660頁
元素大百科事典 　　　　　　　　　　渡辺 正 監訳　B5判 712頁
ガラスの百科事典 　　　　　　　　　作花済夫ほか 編　A5判 696頁
セラミックスの事典 　　　　　　　　山村 博ほか 監修　A5判 496頁
高分子分析ハンドブック 　　　　　　高分子分析研究懇談会 編　B5判 1268頁
エネルギーの事典 　　　　　　　　　日本エネルギー学会 編　B5判 768頁
モータの事典 　　　　　　　　　　　曽根 悟 編　B5判 520頁
電子物性・材料の事典 　　　　　　　森泉豊栄ほか 編　A5判 696頁
電子材料ハンドブック 　　　　　　　木村忠正ほか 編　B5判 1012頁
計算力学ハンドブック 　　　　　　　矢川元基ほか 編　B5判 680頁
コンクリート工学ハンドブック 　　　小柳 治ほか 編　B5判 1536頁
測量工学ハンドブック 　　　　　　　村井俊治 編　B5判 544頁
建築設備ハンドブック 　　　　　　　紀谷文樹ほか 編　B5判 948頁
建築大百科事典 　　　　　　　　　　長澤 泰ほか 編　B5判 720頁

価格・概要等は小社ホームページをご覧ください.